Wissenschaftliche Reihe Fahrzeugtechnik Universität Stuttgart

Reihe herausgegeben von

Michael Bargende, Stuttgart, Deutschland

Hans-Christian Reuss, Stuttgart, Deutschland

Jochen Wiedemann, Stuttgart, Deutschland

Das Institut für Fahrzeugtechnik Stuttgart (IFS) an der Universität Stuttgart erforscht, entwickelt, appliziert und erprobt, in enger Zusammenarbeit mit der Industrie, Elemente bzw. Technologien aus dem Bereich moderner Fahrzeugkonzepte. Das Institut gliedert sich in die drei Bereiche Kraftfahrwesen, Fahrzeugantriebe und Kraftfahrzeug-Mechatronik. Aufgabe dieser Bereiche ist die Ausarbeitung des Themengebietes im Prüfstandsbetrieb, in Theorie und Simulation. Schwerpunkte des Kraftfahrwesens sind hierbei die Aerodynamik, Akustik (NVH), Fahrdynamik und Fahrermodellierung, Leichtbau, Sicherheit, Kraftübertragung sowie Energie und Thermomanagement – auch in Verbindung mit hybriden und batterieelektrischen Fahrzeugkonzepten. Der Bereich Fahrzeugantriebe widmet sich den Themen Brennverfahrensentwicklung einschließlich Regelungs- und Steuerungskonzeptionen bei zugleich minimierten Emissionen, komplexe Abgasnachbehandlung, Aufladesysteme und -strategien, Hybridsysteme und Betriebsstrategien sowie mechanisch-akustischen Fragestellungen. Themen der Kraftfahrzeug-Mechatronik sind die Antriebsstrangregelung/ Hybride, Elektromobilität, Bordnetz und Energiemanagement, Funktions- und Softwareentwicklung sowie Test und Diagnose. Die Erfüllung dieser Aufgaben wird prüfstandsseitig neben vielem anderen unterstützt durch 19 Motorenprüfstände, zwei Rollenprüfstände, einen 1:1-Fahrsimulator, einen Antriebsstrangprüfstand, einen Thermowindkanal sowie einen 1:1-Aeroakustikwindkanal. Die wissenschaftliche Reihe „Fahrzeugtechnik Universität Stuttgart“ präsentiert über die am Institut entstandenen Promotionen die hervorragenden Arbeitsergebnisse der Forschungstätigkeiten am IFS.

Reihe herausgegeben von

Prof. Dr.-Ing. Michael Bargende
Lehrstuhl Fahrzeugantriebe
Institut für Fahrzeugtechnik Stuttgart
Universität Stuttgart
Stuttgart, Deutschland

Prof. Dr.-Ing. Hans-Christian Reuss
Lehrstuhl Kraftfahrzeugmechatronik
Institut für Fahrzeugtechnik Stuttgart
Universität Stuttgart
Stuttgart, Deutschland

Prof. Dr.-Ing. Jochen Wiedemann
Lehrstuhl Kraftfahrwesen
Institut für Fahrzeugtechnik Stuttgart
Universität Stuttgart
Stuttgart, Deutschland

Christian Könen

Technisch-ökologische Mehrzieloptimierung der Antriebseinheit elektrischer Fahrzeuge

Christian Könen
Universität Stuttgart
Stuttgart, Deutschland

Zugl.: Dissertation Universität Stuttgart, 2025
D93

ISSN 2567-0042 ISSN 2567-0352 (electronic)
Wissenschaftliche Reihe Fahrzeugtechnik Universität Stuttgart
ISBN 978-3-658-49445-2 ISBN 978-3-658-49446-9 (eBook)
https://doi.org/10.1007/978-3-658-49446-9

Die Deutsche Nationalbibliothek verzeichnet diese Publikation in der Deutschen Nationalbibliografie; detaillierte bibliografische Daten sind im Internet über https://portal.dnb.de abrufbar.

Planung/Lektorat: Friederike Lierheimer
Springer Vieweg ist ein Imprint der eingetragenen Gesellschaft Springer Fachmedien Wiesbaden GmbH und ist ein Teil von Springer Nature.
Die Anschrift der Gesellschaft ist: Abraham-Lincoln-Str. 46, 65189 Wiesbaden, Germany

Vorwort

Die vorliegende Arbeit entstand während meiner Tätigkeit in der Fahrsystemvorentwicklung der Dr. Ing. h.c. F. Porsche AG in Zusammenarbeit mit dem Institut für Fahrzeugtechnik Stuttgart der Universität Stuttgart. Mein besonderer Dank gilt Herrn Prof. Dr.-Ing. Hans-Christian Reuss für die stetige Unterstützung, das entgegengebrachte Vertrauen und die wertvollen wissenschaftlichen Impulse. Des weiteren danke ich Herrn Prof. Malte Jaensch für die freundliche Übernahme des Mitberichts.

Mein Dank gilt auch den Kollegen der Dr. Ing. h.c. F. Porsche AG für ihre Offenheit und Unterstützung bei vielfältigen Fragestellungen. Insbesondere möchte ich mich herzlich bei meinem Betreuer innerhalb der Dr. Ing. h.c. F. Porsche AG, Herrn Dr.-Ing. Tobias Engelhardt, für die herausragende fachliche und persönliche Unterstützung durch wertvolle Diskussionen und das konstruktive Hinterfragen meiner Arbeit bedanken. Herrn Immo Stache danke ich für das Ermöglichen der Untersuchungen in der Vorentwicklung sowie für das mir entgegengebrachte Vertrauen.

Großer Dank gilt Alina Beskorovajnov, Raphael Oestreicher, Marisa Scheel und Fabian Schmiel für ihr Engagement und die gute Unterstützung durch ihre studentischen Arbeiten.

Abschließend danke ich ganz herzlich meinen Eltern und meiner Freundin Leonie Möller für eure Unterstützung und Geduld während der Ausarbeitung dieser Arbeit.

Stuttgart Christian Niklas Könen

Inhaltsverzeichnis

Abbildungsverzeichnis

Tabellenverzeichnis

Tabellenverzeichnis

Abkürzungs- und Formelverzeichnis

	Abkürzungen
AC	Wechselstrom (*engl.* alternating current)
AKS	Aktiver Kurzschluss
AP	Versauerung(-spotenzial), terrestrisch
BEV	Batterieelektrisches Fahrzeug
CFF	Circular Footprint Formula
DC	Gleichstrom (*engl.* direct current)
DIN	Deutsches Institut für Normung
EII	Index der Umweltauswirkungen (*engl.* Environmental Impact Index)
EoL	Lebenszyklusende (*engl.* End of Life)
ET	Ökotoxizität, Süßwasser
EU	Europäische Union
EU-FW	Eutrophierung, Süßwasser
EU-MR	Eutrophierung, Salzwasser
EU-TR	Eutrophierung, terrestrisch
FEM	Finite Elemente Methode
GBDT	Gradient Boosting Decision Trees
GKL	Grenzkennline des Drehmoments der E-Maschine über Drehzahl
GS	Grundschwingung des Wechselstroms
GTR	Getriebe
GWP	Klimawandel (*vom engl.* Global Warming Potential)
HT-CA	Humantoxizität, krebserregend
HT-NC	Humantoxizität, nicht krebserregend
IGBT	Bipolartransistor mit isolierter Gate-Elektrode
IPCC	Intergovernmental Panel on Climate Change

IR	Ionisierende Strahlung
ISO	Internationale Organisation für Normung
JRC	Joint Research Centre der Europäischen Kommission
KF	Kennfeld
KPI	Key Performance Indicator
LCA	Ökobilanz (*engl.* Life Cycle Assessment)
LU	Landnutzung
MAG	Permanentmagnet
ML	maschinelles Lernen
MLP	Multi-Layer Perceptron
MOSFET	Metall-Oxid-Halbleiter-Feldeffekttransistor
MRE	mittlerer relativer Fehler
MSE	mittlere quadratische Abweichung
OD	Ozon(-abbau), stratosphärisch
OS	Oberschwingungen des Wechselstroms
PEEK	Polyetheretherketon
PEF	Product Environmental Footprint
Pkw	Personenkraftwagen
PM	Feinstaub
PO	Ozon, fotochemisch
PP	Polypropylen
PSM	permanenterregte Synchronmaschine
PWR	Pulswechselrichter
ReLu	Rectified Linear Unit (Aktivierungsfunktion in Neuronalen Netzwerken)
RF	Ressourcennutzung, fossil
RM	Ressourcennutzung, mineralisch/metallisch
SVR	Support Vector Regression
UNEP	United Nations Environment Programme
WLTC	Worldwide Harmonized Light Vehicles Test Cycle
WU	Wasserverbrauch
ZKK	Zwischenkreiskondensator

	Formelzeichen	
A	Allokationsfaktor	–
$\cos\varphi$	Leistungsfaktor der E-Maschine	–
C_{ZKK}	elektrische Kapazität des Zwischenkreiskondensators	F
$d_{\mathrm{st,a}}$	Statoraußendurchmesser der E-Maschine	mm
f_{s}	Schaltfrequenz des Pulswechselrichters	Hz
i_d	d-Komponente des Statorstroms nach der Park-Transformation	A
i_q	q-Komponente des Statorstroms nach der Park-Transformation	A
i_{GTR}	Gesamtübersetzung des Getriebes	–
I_{Ph}	Phasenstrom	$\mathrm{A_{RMS}}$
J	Stromdichte	$\mathrm{A\,mm^{-2}}$
J_{Rot}	Massenträgheitsmoment	$\mathrm{kg\,m^2}$
l_{Fe}	Aktivteillänge der E-Maschine	mm
M	Drehmoment	Nm
n	Drehzahl	$\mathrm{min^{-1}}$
n_{Chip}	Chipanzahl pro topologischem Schalter	–
$\vec{p}_{\mathrm{Ant}}$	Antriebseigenschaften	–
P_{V}	Verlustleistung	W
R^2	Bestimmtheitsmaß	–
$r_{\mathrm{entmag,AKS}}$	entmagnetisierter Volumenanteil nach AKS	–
$\vec{r}_{\mathrm{Fzg}}$	Fahrzeuganforderungen	–
r_{PCC}	Pearsons Korrelationskoeffizient	–
σ_{m}	Vergleichsspannung	–
σ	Standardabweichung	–
t	Zeit	s
T_{j}	Chiptemperatur	°C
U_{LL}	Klemmenspannung der E-Maschine	$\mathrm{V_{RMS}}$
$U_{C,\mathrm{rpl}}$	Rippel der DC-Spannung am Kondensator	V
ω	Winkelgeschwindigkeit	$\mathrm{rad^{-1}}$
$\vec{x}$	Parametrische Beschreibung der Auslegung (Modellinput)	–

$\vec{y}$	Vektor von mehreren skalaren Eigenschaften (Modelloutput)	–
$\mathbf{Y}_{KF}$	Matrix mit Daten eines Kennfelds (Modelloutput)	–

Abstract

This thesis presents a method for the techno-ecological multi-objective optimization of drive units for electric vehicles. The aim is to address the growing importance of sustainable drive systems and to contribute to improving the life cycle assessment (LCA) of electrified vehicles. For this purpose, research into the new method contributes to three domains: First, partial models for the LCA are investigated. Second, a computationally inexpensive technical model of the electric drive unit is explored. Third, the LCA and technical models are linked with an optimization algorithm to find new drive unit designs and investigate how the use of the new method influences drive unit design in general.

In the beginning, the fundamentals of electric drives and methods of life cycle assessment are described and previous work surrounding the research field are presented and contextualized. Based on the V-model of vehicle development, the investigated method is attributed to the concept phase in the early stages of development. Through the optimization and evaluation of different drive units in the context of the vehicle the method supports the derivation of feasible subsystem specifications from overall vehicle requirements by the use of physical models.

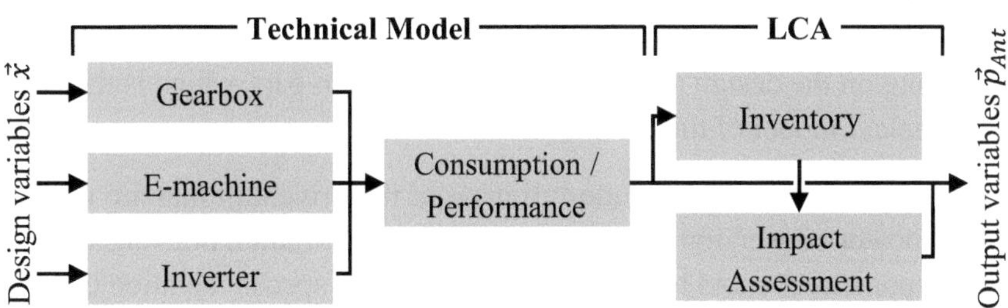

Abbildung 1: Model structure of technical modeling and life cycle assessment

Life Cycle Assessment

The scope of the LCA is congruent with the scope of the overall method, which is referenced as „drive unit for electric vehicles“ and consists of three subsystems: a gearbox, an electric machine, and an inverter. Since the design of the subsystems influences the efficiency and the life cycle impact, the entire life cycle is covered, from the cradle to the grave.

The LCA is performed in accordance to the standard DIN EN ISO 14040 and includes the life cycle inventory, impact assessment and analysis. The methodological basis for the LCA is the Product Environmental Footprint (PEF), which is used to quantify environmental impacts. In addition, the Environmental Impact Index (EII) is introduced based on the guidelines of the PEF in order to combine the different impact indicators in the LCA and to enable an aggregated assessment of the environmental impact by a single value.

To enable the use of the LCA in the concept and design phase, a specific approach is developed for a design dependent life cycle inventory of the drive unit. The aim is to cover the entire life cycle starting from raw material extraction, through the use phase and the recycling at the end of life. To achieve this, the life cycle inventory must be set up according to a generic scheme and thus is structured into two parts: A static part, which is independent of the investigated design and thus can be described with the aid of a commercial LCA software. Second, the dynamic part is adjusted depending on the design and and a design dependent part, which is linked to the technical model of the drive unit.

The life cycle inventory includes all parts of the drive unit that are needed for the power conversion (active parts), and the aluminum housing. Within the components covered by the life cycle inventory, special attention is given to the SiC-MOSFETs and NdFeB permanent magnets because of their high specific environmental impact. For the SiC-MOSFETs inventory similar inventories for Si chips from literature are adapted. In case of the inventory of the permanent magnets, the connection between their magnetic properties and the chemical composition is included. In connection with the technical modeling of demagnetization behavior and the performance of the electrical machine, changes in material properties can be taken into account directly in the life cycle inventory via the chemical composition of the material. This enables a differentiated consideration of the environmental impact of different magnetic materials.

Regarding the use phase of the LCA exclusively the electricity consumption from power losses in the electric drive are covered. The power losses are calculated in the WLTC and are combined with an assumed total mileage of the drive unit of 273 372 km. In addition, it is assumed that the drive unit does not need to be replaced during use. For the electricity generation a prognosis for the European grid mix is used to account for changes across the 21,8 years long lifespan.

For the recycling of the drive unit at the end of its life cycle, it is assumed to be shredded in the same way as other automotive parts without prior dismantling. This is a conservative assumption from the perspective of an LCA. The metallic shredder fractions are assumed to be recycled and thus their impact credit is split between the adjacent product systems using the Circular Footprint Formula approach (according to PEF). For other materials, especially plastics, only landfilling is considered.

While the life cycle impact assessment is generally carried out depending on the design as part of the complete method of ecological-technical multi-objective optimization, the largest contributions to the environmental impact are identified on the basis of an exemplary drive using the EII through the different components and life cycle phases of the drive unit. The production and use phases contribute to the environmental impact to the same extent. Within the production phase, in particular the high material input of the electric machine causes environmental damage, although it is also taken into account with credits at the end of the life cycle due to the recyclability of the components.

Technical Model

For the technical modeling of the drive unit a hybrid approach is pursued, combining analytical, numeric, and data driven modeling procedures. The model input consists of a parametric description of the drive units design, containing variables regarding the geometry, materials and operational conditions. For each single subsystem output variables are calculated to describe the performance, weight, and efficiency. Last is given as a map for various operating points, to combine the maps of the three subsystems and determine losses in driving cycles. Together with the part masses these losses are passed on to the LCA.

Each subsystem is modeled separately, corresponding to the structure of the drive unit. This facilitates the exchange of models to adapt individual subsystems to new technologies in the future. In the presented research work for each subsystem only one technology is realized. Regarding the gearbox a singe-speed transmission with two-stage pinion gearing is modeled by conducting linear interpolation. This interpolation is based on previous analytical loss calculations, according to common standards. For the electric machine a permanent magnet synchronous machine is modeled with regressive neural networks. The training data for this model is generated specifically for this purpose using the finite element method. It does not only output a loss map and scalar variables regarding mass and performance, further it provides maps for the electrical operating conditions of the electric machine, that are used to calculate the inverter losses. In an analytical loss model for a two-level inverter with SiC-chips switching and conduction losses are calculated, based on the electric machines voltage, current, and power factor. Due to the dependence of the output parameters describing machine and inverter on the regressive neural networks they represent the core of the technical model.

The electric machine model is structured in three parts, all consisting of neural networks. The first submodel is used for the prediction of scalar properties of the electric machine, for example maximum power and torque. The second submodel serves the prediction of the torque-speed characteristic of the electric machine. The third submodel is used to predict maps of the machine's electrical properties (current, voltage, power factor) as well as maps of fundamental and harmonic losses. The harmonic losses are not only determined for different pairs of torque and speed but also in dependence of the inverter's switching frequency. This enables the consideration of the conflict of objectives between low harmonic losses in the electrical machine due to high switching frequencies and low losses in the inverter at low switching frequencies. In addition, the switching frequencies of the inverter can be selected to minimize the overall losses.

For the selection of a suitable modeling approach three different machine learning algorithms are compared regarding their need for the size of the training dataset and their losses: the multi-layer perceptron (MLP), the support vector regression and gradient boosting decision trees. Out of the three the MLP is chosen, due to high precision when trained on small training datasets and simple implementation. The use of a neural network for modeling the electric machine decreases the calculation time for a single design by multiple orders compared to a simulation using the finite-element method. Further this facilitates the use of optimization algorithms, that need large numbers of evaluations of their target function.

The validation of the machine's neural networks is conducted as part of its training. Additionally a validation in the context of the drive system is performed to assess the error propagation into the analytical inverter loss calculation. There are only minor deviations, the highest being 1,87 % in the drive losses.

Multi-Objective Optimization

The models for the technical properties and the LCA are connected to form the fitness function of the multi-objective optimization of the electric drive. This multi-objective optimization is carried out using genetic algorithms that generate a Pareto-front to analyze conflicting objectives.

With the multi-objective optimization different trade-offs are explored in three cases. In the first case the conflicts of the five fundamental requirements for drive units in electric vehicles are investigated (environmental impact, efficiency, cost, mass, and lateral dynamics). Based on the correlations between the objectives it is observed, that the environmental impact of the drive unit is minimal, if no extreme properties are required in terms of efficiency or mass. Instead, a balance is required between low emissions during use through high efficiency and low production emissions through low resource usage. This trade-off concerning the life cycle impact is further explored in the second case, where the Pareto-front between the environmental impact in production and use is analyzed regarding design changes in the three subsystems of the drive unit if equal performance is required. The third case is used to scrutinize the assumptions regarding the electricity grid mix used and the neglect of the battery.

In summary, this thesis provides a method for designing optimal electric drive units that considers sustainability in addition to conventional requirements such as efficiency, performance, and cost. Building on the results summarized above, a need for further research is identified, particularly in the transfer of the presented approach to the vehicle's high-voltage battery in order to integrate it into the multi-objective optimization.

Kurzfassung

Gegenstand der vorliegenden Arbeit ist eine Methode zur technisch-ökologischen Mehrzieloptimierung der Antriebseinheit elektrischer Fahrzeuge. Ziel der Methode ist, bereits bei der Konzeptfindung einen optimalen Kompromiss zwischen den technischen Eigenschaften und den Umweltauswirkungen über den gesamten Lebenszyklus der Antriebseinheit zu finden.

Kern der Methode ist die Verknüpfung der Modellierung technischer Eigenschaften und der Ökobilanz des elektrischen Antriebs. Die Ökobilanz wird spezifisch für die Komponenten, die Wertschöpfungsketten und die Nutzung des elektrischen Antriebs im Fahrzeug aufgestellt und ist auslegungsabhängig anpassbar. Der Fokus der Ökobilanz liegt auf den Komponenten des elektrischen Antriebs, die an der Leistungsführung und -umwandlung unmittelbar beteiligt sind. Dafür werden neue Ökobilanzen für Halbleiterchips und Magnetwerkstoffe der E-Maschine aufgestellt. Für den Einsatz in der Mehrzieloptimierung erfolgt die Modellierung der technischen Eigenschaften mit Fokus auf geringe Rechenzeiten und einer parametrischen Beschreibung des Systems. Durch die Kombination mehrerer neuronaler Netze wird ein Ersatzmodell der E-Maschine gebildet, welches mit einem analytischen Modell des Pulswechselrichters und einem Interpolationsmodell des Getriebes verknüpft wird. Die Ausgangsgrößen der Modelle von Leistungsfähigkeit und Effizienz in Form von Skalaren und Kennfeldern werden miteinander kombiniert, um Interaktionen zwischen den Modellen durch Lastpunktverschiebungen und Stromoberschwingungen zu berücksichtigen. Die Mehrzieloptimierung erfolgt auf den schnellrechnenden Modellen mit genetischen Algorithmen. Abschließend wird mit der Methode untersucht, welche Zielkonflikte und Korrelationen bei Berücksichtigung der Umweltauswirkungen in der Antriebsauslegung auftreten.

1 Einleitung

1.1 Motivation und Zielsetzung

Global steigen sowohl die mittlere Oberflächentemperatur der Erde als auch der Rohstoffverbrauch (Abbildung 1.1). Daher gewinnen Nachhaltigkeit und Umweltschutz für die Fahrzeugindustrie fortlaufend an Bedeutung, auch aufgrund von Kunden- und Kapitalmarktanforderungen sowie regulatorischen Vorgaben. Da der Transportsektor die viertgrößte Quelle von Treibhausgasemissionen darstellt, liegt der Fokus der Nachhaltigkeitsbestrebungen von Industrie und Gesetzgebern auf der Reduzierung dieser Emissionen. Ein wesentlicher Schritt zur Dekarbonisierung der Fahrzeugnutzung besteht in der Elektrifizierung des Antriebs. Durch diesen Wechsel von verbrennungsmotorischen zu elektrischen Antrieben erhöhen sich jedoch Rohstoffverbrauch und Treibhausgasemissionen der Herstellung [8].

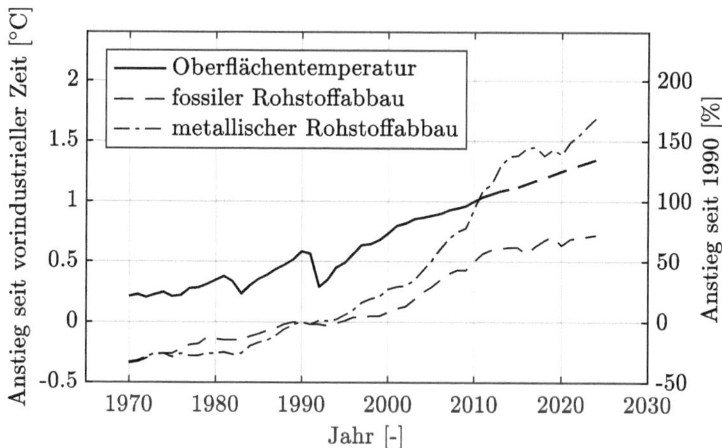

Abbildung 1.1: Historische Änderung von Umweltbelastungen nach IPCC [45] und UNEP [92]

C. Könen, *Technisch-ökologische Mehrzieloptimierung der Antriebseinheit elektrischer Fahrzeuge*, Wissenschaftliche Reihe Fahrzeugtechnik Universität Stuttgart, https://doi.org/10.1007/978-3-658-49446-9_1

Angesichts dieser Herausforderungen nehmen die regulatorischen Vorgaben bezüglich Treibhausgasemissionen und Rohstoffverwendung von elektrischen Antrieben zu. Durch den Critical Raw Materials Act [30] werden Materialien mit hoher Anfälligkeit für Versorgungsunterbrechungen hinsichtlich Recycling und Verfügbarkeit in der Europäischen Union (EU) reguliert (Seltene Erden, Lithium). Mit dem Battery Pass der EU [29] entsteht eine standardisierte Erfassung und Offenlegung von produktspezifischen Umweltauswirkungen der Batterieherstellung. Auch Fahrzeughersteller bekennen sich in diesem Zusammenhang zu geschlossenen Materialkreisläufen [83] und zur Dekarbonisierung ihrer Wertschöpfungsketten [24, 75].

Die Reduzierung der Umweltauswirkungen des elektrischen Antriebs muss ganzheitlich erfolgen [34] und somit bereits in der Auslegung beginnen. In dieser frühen Phase der Produktgestaltung wird sowohl der Einsatz umweltschädlich zu gewinnender Materialien in der Herstellungsphase als auch der Energieverbrauch in der Nutzungsphase festgelegt.

Gleichzeitig zum Aufkommen neuer Nachhaltigkeitsanforderungen steigt mit der Etablierung elektrischer Antriebe für Personenkraftwagen (Pkw) auch die Anforderung nach erhöhter Ausnutzung und Integration bestehender Technologien [42]. Dabei sind in der Auslegung Zielkonflikte bestmöglich aufzulösen, was Auslegungsmethoden zur ganzheitlichen Optimierung des Antriebs erforderlich macht.

Folglich befasst sich diese Arbeit mit der Untersuchung einer neuen Methode zur technisch-ökologischen Mehrzieloptimierung des elektrischen Antriebs. Dabei liegt der Fokus auf drei Fragestellungen:

- Wie sieht die generische Vorgehensweise zur Bildung auslegungsabhängiger Ökobilanzen für elektrische Fahrzeugantriebe aus?
- Wie kann der elektrische Antrieb modular, präzise und schnellrechnend bezüglich technischer und ökologischer Eigenschaften modelliert werden?
- Welche neuen Zielkonflikte treten in der Antriebsauslegung durch die Berücksichtigung der Umweltauswirkungen auf und wie werden diese durch die untersuchte Methode aufgelöst?

1.2 Aufbau der Arbeit

Zur Beantwortung der drei Forschungsfragen und der schrittweisen Synthese der neuen Methodik ist die vorliegende Arbeit in sieben Kapitel gegliedert. Im Anschluss an diese Einleitung gibt Kapitel 2 einen Überblick über den Stand der Technik von elektrischen Antrieben und Ökobilanzierung. Zudem werden relevante Arbeiten zur Ökobilanz elektrischer Antriebe eingeordnet.

Der Untersuchungsrahmen wird in Kapitel 3 abgegrenzt und strukturiert, um den Umfang, die Vorgehensweise und Ziele der Modellbildung zu ermitteln. Zusätzlich erfolgt die Einordnung der Methode dieser Arbeit in den Fahrzeugentwicklungsprozess mithilfe des V-Modells.

Die Ökobilanzierung des elektrischen Antriebs erfolgt in Kapitel 4 entsprechend der genormten Vorgehensweise. Die generische Vorgehensweise zur Ökobilanzierung erfolgt spezifisch für Komponenten und Herstellungsverfahren des elektrischen Antriebs. Dabei wird die Ökobilanz so aufgebaut, dass sie auslegungsabhängig angepasst werden kann. Die Abschätzung der Umweltauswirkungen erfolgt anhand einer exemplarischen Antriebseinheit.

Im Kapitel 5 werden Modelle der technischen Antriebseigenschaften aufgestellt. Die Modellierung erfolgt getrennt für das Getriebe, die E-Maschine und den Pulswechselrichter. Diese Modelle werden mit der auslegungsabhängigen Ökobilanz und einem Algorithmus zur Mehrzieloptimierung kombiniert und vervollständigen damit die neue Methode dieser Arbeit.

Zur Untersuchung neu auftretender Zielkonflikte durch die Berücksichtigung der Umweltauswirkungen in der Auslegung werden in Kapitel 6 die Ergebnisse von zwei Mehrzieloptimierungen analysiert. Gegenstand sind dabei die allgemeinen Anforderungen an elektrische Antriebe und die Aufteilung der Umweltauswirkung zwischen Herstellung und Nutzung. Im Anschluss werden die Ergebnisse in den Kontext von verschiedenen Nutzungsszenarien und die Umweltauswirkungen der Batterie eingeordnet.

Die Arbeit wird in Kapitel 7 mit der Zusammenfassung und dem Ausblick auf zukünftige Forschungsfelder abgeschlossen.

2 Grundlagen elektrischer Antriebe und Ökobilanzierung

Das vorliegende Kapitel dient der Einführung in die Grundlagen elektrischer Antriebe und deren Ökobilanzierung, auf denen die nachfolgenden Kapitel aufbauen. Im ersten Abschnitt 2.1 erfolgt eine Auseinandersetzung mit der Technik, Modellierung und Simulation von elektrischen Antrieben. Im nachfolgenden Abschnitt 2.2 werden die Grundlagen der Ökobilanz dargelegt, welche im Kapitel 4 zur Quantifikation von Umweltauswirkungen zum Einsatz kommen. Der Fokus liegt hierbei auf der Methodik des Product Environmental Footprint (PEF). Abschließend erfolgt im Abschnitt 2.3 eine Zusammenführung der Themenfelder Ökobilanz und elektrischer Antrieb, indem vorangegangene Arbeiten zu diesem Thema eingeordnet werden.

2.1 Grundlagen elektrischer Antriebe für Fahrzeuge

Im Folgenden wird auf die Grundlagen des elektrischen Antriebs eingegangen. Aufbauend auf einer Beschreibung der Struktur und der technischen Ausführung des elektrischen Antriebs wird auf die Simulation und Modellierung der Antriebskomponenten eingegangen. Abschließend erfolgt die Betrachtung von Auslegungs- und Optimierungsmethoden für die Mehrzieloptimierung in Kapitel 5.

In den folgenden Kapiteln wird als elektrischer Antrieb (verkürzt *Antrieb*) dasjenige System eines Fahrzeugs bezeichnet, welches den Gleichstrom der Batterie in mechanische Leistung an den Rädern wandelt. Der Antrieb setzt sich aus mindestens einem Pulswechselrichter (PWR), einer E-Maschine und einem Getriebe zusammen.

C. Könen, *Technisch-ökologische Mehrzieloptimierung der Antriebseinheit elektrischer Fahrzeuge*, Wissenschaftliche Reihe Fahrzeugtechnik Universität Stuttgart, https://doi.org/10.1007/978-3-658-49446-9_2

2.1.1 Funktionsweise elektrischer Antriebe

Die Leistungswandlung im elektrischen Antrieb aus elektrischer in mechanische Leistung erfolgt schrittweise in den drei Teilsystemen. Die Richtung der Leistungswandlung kann auch umgekehrt werden, sodass mechanische zu elektrischer Leistung gewandelt wird (Rekuperation) [23]. Die Leistungsumwandlung ist verlustbehaftet. Die Verlusteffekte sind in der Literatur beschrieben [5, 6].

Für die Leistungswandlung wird zuerst im PWR die Gleichspannung der Batterie in eine Wechselspannung gewandelt. Dazu werden die Potenziale der Batterie U+ und U- wechselnd in einer Halbbrücke über zwei Schalter auf eine Phase der E-Maschine geschaltet. Durch das Prinzip der Pulsweitenmodulation und die Induktivität der E-Maschine resultiert ein annähernd sinusförmiger Wechselstrom zur Speisung der E-Maschine [6]. Durch die Parallelschaltung von Halbbrücken auf mehrere Phasen werden mehrphasige Wechselströme erzeugt. Aufgrund des taktenden Verhaltens des PWR entstehen Spannungsschwankungen im Gleichspannungsbordnetz des Fahrzeugs. Um diese zu reduzieren verfügt der PWR über einen Kondensator auf der Gleichspannungsseite.

In der E-Maschine wird die elektrische Leistung in mechanische Leistung gewandelt. Dazu wird mithilfe des mehrphasigen Wechselstroms ein rotierendes magnetisches Feld erzeugt. Durch Lorenz- und Reluktanzkräfte bildet sich ein Drehmoment zwischen Rotor und Stator, welches den Rotor wiederum in Rotation versetzt [9]. Zur Erzeugung des Drehmoments durch die Lorenzkraft ist ein zweites Magnetfeld erforderlich. Dies kann durch Permanentmagnete oder stromdurchflossene Leiter erzeugt werden.

Das Getriebe hat die Aufgabe, die Drehzahl der E-Maschine auf das Drehzahlniveau der Räder zu übersetzen. Aufgrund des höheren Drehzahlniveaus der E-Maschine erfolgt eine Drehzahlreduzierung zum Rad [23]. Zusätzlich umfasst das Getriebe beim Einsatz einer E-Maschine pro Achse ein Differenzial, um das Drehmoment bei unterschiedlichen Raddrehzahlen gleichmäßig auf beide Räder zu verteilen [6].

2.1.2 Struktur des Antriebs für elektrische Fahrzeuge

Elektrische Antriebe werden in vielfältigen Topologien realisiert. Dabei kann grundsätzlich zwischen ein- und zweiachsig angetriebenen Fahrzeugen unterschieden werden. Die Topologie des Antriebs auf einer Achse ist unabhängig von ihrem Einbauort an Vorder- oder Hinterachse.

Für die Ausführung des Antriebs einer Achse kann grundlegend in drei Antriebstopologien unterschieden werden: radintegrierte Antriebe, Einzelradantriebe und Zentralantriebe [23, 33]. Radintegrierte Antriebe charakterisieren sich durch die Positionierung des Antriebs im Rad, wodurch jedes Rad der Achse einzeln angetrieben wird. Diese Antriebe verfügen nur optional über ein Getriebe [14] und auch der PWR kann auf Seite des Rades oder des Aufbaus verortet sein [88]. Beim Einzelradantrieb werden die zwei Räder einer Achse ebenfalls einzeln angetrieben, jedoch sind die Räder über Antriebswellen mit den im Fahrzeug mittig gelegenen Antrieben verbunden. Beim Zentralantrieb hingegen werden beide Räder durch die gleiche Antriebseinheit angetrieben [53]. Im Gegensatz zu den vorherigen Topologien ist ein Differenzial im Getriebe erforderlich. Sofern ein Getriebe zum Einsatz kommt, können alle drei Topologien mit achsparalleler und koaxialer Anordnung von An- und Abtriebswelle ausgeführt werden. Abbildung 2.1 gibt einen Überblick über die Varianten der Antriebstopologien.

In den drei Topologien können die Technologien von PWR, E-Maschine und Getriebe rekombiniert werden. Beim PWR dominiert gegenwärtig die Ausführung als dreiphasiger 2-Level Voltage Source Inverter. Dabei kommen für die Transistoren in den Halbbrücken im Volumensegment Bipolartransistoren mit isolierter Gate-Elektrode (IGBT) aus Silizium zum Einsatz [36]. Aufgrund der vorteilhaften Eigenschaften von Metall-Oxid-Halbleiter-Feldeffekttransistoren (MOSFET) aus Siliziumkarbid (SiC) hinsichtlich des Verlustverhaltens und der Schaltfrequenz gegenüber Silizium-IGBTs steigt die Etablierung von SiC-MOSFETs im PWR. Galliumnitrid (GaN) wird als Material für kommende Generationen von Leistungshalbleitern im PWR erwartet, gegenwärtig sind jedoch nur wenige GaN-Chips für den Einsatz in Traktionsinvertern kommerziell verfügbar [13, 78]. Ferner erwähnenswert

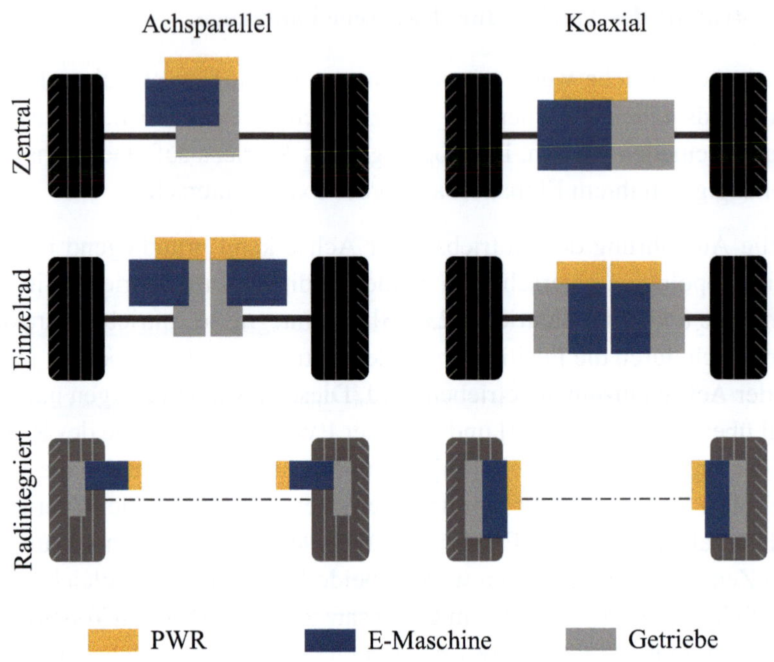

Abbildung 2.1: Topologien des elektrischen Antriebs

sind auch PWR in 3-Level Topologie, welche gegenüber 2-Level-PWR je nach Topologie den Einsatz von Chips geringerer Spannungsklassen und Effizienzsteigerungen von PWR und elektrischer Maschine ermöglichen. Die Kosten für die erhöhte Chipfläche stellen gegenwärtig ein Hemmnis für den Fahrzeugeinsatz dieser Technologie dar [76].

Für den Antrieb elektrischer Fahrzeuge kommen in der Regel Drehstrommaschinen zum Einsatz [6]. Diese können grundsätzlich anhand der Lage von Rotor und Stator zueinander, sowie der Flussführung beschrieben werden [34]. In Axialflussmaschinen sind Rotor und Stator scheibenförmig ausgeführt und axial hintereinander angeordnet. In Radialflussmaschinen sind Rotor und Stator als einander umschließende Hohlzylinder in koaxialer Lage ausgeführt. Liegt der Rotor dabei außen, wird die Topologie als Außenläufer bezeichnet, andernfalls als Innenläufer [23]. Sämtliche Topologien sind im Serieneinsatz für hybrid und elektrisch angetriebene Fahrzeuge anzutreffen.

Neben der geometrischen Ausführung können E-Maschinen auch anhand der Wirkprinzipien zur Drehmomenterzeugung durch Reluktanz- oder Lorenzkraft unterschieden werden [82]. Eine weitere Differenzierung der Maschinentechnologien erfolgt anhand der relativen Umlaufgeschwindigkeit des Magnetfelds von Rotor und Stator in Asynchronmaschinen und Synchronmaschinen. Innerhalb der Synchronmaschinen kann ferner anhand der Rotorfelderzeugung in elektrisch und permanenterregte Synchronmaschinen (PSM) unterschieden werden [9, 23].

Die Ausführung des Getriebes ist mit der Achsanordnung des Antriebs verknüpft. Während achsparallele Topologien nur mittels Stirnradgetrieben realisierbar sind, können koaxiale Aufbauten auch mit Planetenradsätzen realisiert werden. Beide Getriebekonzepte können durch die serielle Verschaltung mehrerer Radpaarungen mehrstufig ausgeführt werden und auch miteinander kombiniert werden. In Antrieben mit nur einer E-Maschine muss zudem ein Differenzial im Getriebe integriert werden. Dieses kann sowohl am Abtrieb als auch am Antrieb des Getriebes positioniert sein. Bei einer Positionierung am Antrieb sind jedoch zwei Radsätze erforderlich [41]. Ferner kann das Getriebe des elektrischen Antriebs auch mehrgängig realisiert werden [10, 26].

Gegenwärtig dominiert bei elektrischen Fahrzeugen die Ausführung von Antrieben als Zentralantrieb in achsparalleler Anordnung mit einem zweistufigen 1-Gang Stirnradgetriebe, einer innenlaufenden permanenterregten Radialflussmaschine und einem 2-Level PWR.

2.1.3 Simulation des elektrischen Antriebs

Bei der Simulation von Fahrzeugen wird in dynamische und quasistationäre Ansätze unterschieden. Die dynamische Simulation von Fahrzeugen wird auch als Vorwärtssimulation bezeichnet und folgt den Wirkzusammenhängen der Komponenten im realen Fahrzeug. Dazu wird ein geschlossener Regelkreis aufgestellt, ausgehend von einem Fahrerregler über das Fahrpedal, den Antrieb und bis zur resultierenden Fahrzeuglängsbeschleunigung [101]. So können dynamische Effekte abgebildet werden und sich verändernde Aufbauzustände und Radlasten berücksichtigt werden. Dazu sind zeitabhängige Zustandsmodelle in Form von Differenzialgleichungen erforderlich. Folglich eignet sich die Vorwärtssimulation für die Berechnung dynamischer Fahrzustände, wie der Längsbeschleunigung [81].

Die quasistationäre Simulation vernachlässigt hingegen transiente Effekte und betrachtet die Fahrzeugdynamik als eine Vielzahl von stationären Fahrzeugzuständen [95]. Dadurch entfällt die aufwendige Modellierung und Simulation mittels Differenzialgleichungen, sowie die Erfordernis eines Fahrerreglers. Stattdessen kann das stationäre Verhalten der Komponenten in Kennfeldern abgebildet werden. Ein weiterer Gegensatz zur dynamischen Simulation ist, dass in der quasistationären Simulation der gewünschte Fahrzustand vorgegeben wird und der Komponentenzustand daraus berechnet wird. Folglich wird der Ansatz auch als Rückwärtssimulation bezeichnet. Dabei gilt die Annahme, dass der gewünschte Fahrzustand stets erreicht werden kann. Somit ist der Einsatz der Rückwärtssimulation für Fahrzustände der Teillast vorteilhaft, wie beispielsweise im Worldwide harmonized Light vehicles Test Cycle (WLTC). Zur Vermeidung von akausalen Berechnungen durch die Verfehlung der gewünschten Fahrzustände in der Rückwärtssimulation existieren kombinierte Ansätze aus Vorwärts- und Rückwärtssimulation [28, 101].

2.1.4 Subsystemmodelle

Zur Bestimmung der technischen Eigenschaften von Getriebe, E-Maschine und PWR sind Modelle dieser Subsysteme erforderlich. Für die Modellierung des Getriebes kommen in der Auslegung die Normen DIN 3990 und ISO 6336 für die Berechnung der Tragfähigkeit [20, 46] und ISO/TR 14179-1 für die Berechnung der Verlustleistung [47] unter Einbezug kommerzieller

Software zum Einsatz. Zur weiteren Vereinfachung des Getriebemodells in der Antriebsauslegung erzeugt Vaillant [95] Verlustleistungskennfelder für mehrere Übersetzungen und interpoliert zwischen diesen linear.

Die Modellierung der E-Maschine kann analytisch, numerisch und datengetrieben erfolgen. Einen vergleichenden Überblick der Ansätze gibt die Tabelle A.2 im Anhang. Zur analytischen Beschreibung dient die Modellierung mithilfe von elektrischen Ersatzschaltbildern. Dabei werden die dazu erforderlichen elektrischen Widerstände, magnetische Flüsse und Induktivitäten einer Referenzmaschine mithilfe von Wachstumsgesetzen skaliert [12, 89]. Ein weiterer analytischer Ansatz besteht in der Magnetkreisberechnung mithilfe von Knotenmodellen, wie von Cassimere *et al.* [15] beschrieben und von Perez-Cardona für die Optimierung einer E-Maschine eingesetzt [73]. Die numerische Berechnung von E-Maschinen mittels Finite Elemente Methode (FEM) stellt insbesondere für die Detailauslegung den Stand der Technik dar. Nur so können feine Geometrien und starke Sättigungseffekte, wie sie bei vergrabenen Magneten auftreten, zuverlässig modelliert werden [33, 52]. Datengetriebene Modelle zur Auslegung von E-Maschinen basieren auf Datensätzen, welche mittels FEM erzeugt wurden. Die einfachste Modellierung stellt dabei die lineare Interpolation und Skalierung von vorab berechneten Kennfeldern und Kennlinien dar, wie sie bei Eghtessad und Vaillant [26, 95] eingesetzt wird. Für die Optimierung der Geometrie elektrischer Maschinen hat sich der Einsatz von Ersatzmodellen etabliert. Basierend auf einer parametrischen Beschreibung der Geometrie der E-Maschine wird durch das Ersatzmodell eine Vorhersage über skalare Eigenschaften (Drehmoment, Leistung, Energieverbrauch) getroffen. Als Ersatzmodell werden unter anderem Kriging und Neuronale Netze verwendet [11, 71]. Ferner kann auch die Parameteridentifikation der E-Maschine mittels FEM durch Neuronale Netze ersetzt werden [19], wobei Parameter oder ein Bild der Maschinengeometrie als Eingangsgröße des Ersatzmodells dienen [39].

Der PWR wird in der Antriebsauslegung bezüglich der anfallenden Verlustleistung mithilfe von Kennfeldern [95] oder mittels analytischer Gleichungen über die Schalt- und Durchlassverluste von IGBT beschrieben [26, 69].

Die Verlustleistung in passiven Komponenten finden häufig keine Betrachtung, da diese für Effizienzbetrachtungen des Antriebs vernachlässigbar sind [98]. Für die Modellierung des PWR ist dabei nicht nur die von Orner [69] hervorgehobene Abhängigkeit der PWR-Verluste von den betriebspunktabhängigen Wechselstromgrößen relevant (I_{Ph}, U_{LL}, $\cos\varphi$). Mit steigenden Leistungsdichten und insbesondere im nutzungsrelevanten Teillastbereich sind auch die wechselrichterinduzierten harmonischen Verlustleistungen in der E-Maschine relevant (folgend Oberschwingungsverluste), sowie die verlustoptimale Wahl der Schaltfrequenz [96].

2.1.5 Auslegungs- und Optimierungsmethoden

Ziel der Auslegung und Optimierung von technischen Systemen ist es, das Design zu identifizieren, welches die Anforderungen bestmöglich erfüllt. Zur Vereinfachung dieser Aufgabe kommen die zuvor beschriebenen Modelle zum Einsatz, welche den Designraum und den Eigenschaftsraum miteinander verknüpfen (Abbildung 2.2). Für die Auslegung von Antriebstopologien, E-Maschinen und PWR hat sich der Einsatz von Algorithmen für ein- und multikriterielle Optimierung etabliert, anstelle von statistischer Versuchsplanung. Grund dafür sind die hohe Anzahl der Designvariablen und die hohe Rechenzeit vollfaktorieller Untersuchungen des Designraums. Aufgrund der vielfältigen Anforderungen an Antriebe müssen zudem im Rahmen der Auslegung mehrere im Konflikt stehende Zielgrößen minimiert oder maximiert werden.

Zum Einsatz eines einkriteriellen Optimierungsalgorithmus müssen die einzelnen Zielgrößen zu einer übergeordneten Zielgröße zusammengefasst werden. Dafür ist bereits vor der Optimierung ein gutes Verständnis der Zusammenhänge zwischen den einzelnen Zielgrößen erforderlich [84]. Eghtessad [26] nutzt dafür eine gewichtete Summe zur Optimierung der Antriebsstrangkonfiguration von batterieelektrischen Fahrzeugen (BEV). Ferner eignet sich die einkriterielle Optimierung für Motorsportanwendungen mit der alleinigen Zielgröße Rundenzeit.

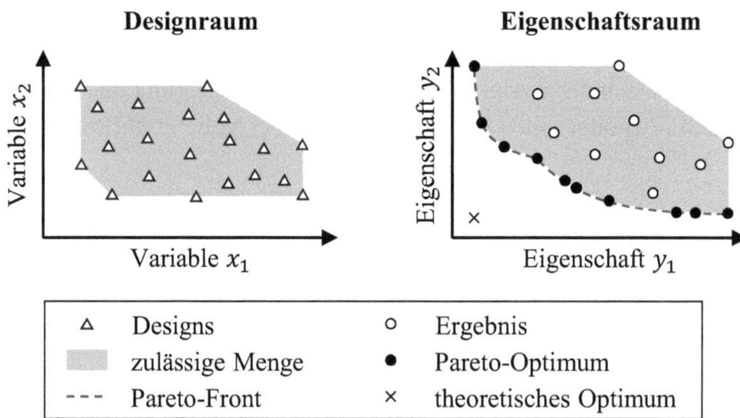

Abbildung 2.2: Design- und Eigenschaftsraum einschließlich Pareto-Front einer multikriteriellen Optimierung nach Siebertz [84]

Bei einer multikriteriellen Optimierung hingegen können die Zielgrößen direkt vorgegeben werden, ohne vorab einen Kompromiss über eine Gewichtung vorzugeben. Als Lösung des multikriteriellen Optimierungsproblems werden dabei paretooptimale Ergebnisse gesucht. Ein paretooptimales Ergebnis ist dadurch definiert, dass keine Zielgröße verbessert werden kann, ohne eine andere Zielgröße zu verschlechtern. Die Menge der paretooptimalen Ergebnisse bildet die Pareto-Front. Nach der Optimierung kann durch die Auswahl einer Lösung auf der Pareto-Front der Kompromiss gewählt werden, beziehungsweise die Gewichtung der Zielgrößen vorgenommen werden [16, 84].

Sowohl für einkriterielle als auch für multikriterielle Optimierungen von Antrieben kommen genetische Algorithmen zum Einsatz. Motiviert wird der Einsatz der genetischen Algorithmen durch ihre Kompatibilität mit unstetigen Funktionen, kontinuierlichen und ganzzahligen Designvariablen, sowie ihrer ableitungsfreien Funktionsweise [16, 95]. Herausfordernd in der Anwendung ist jedoch die hohe Anzahl der Auswertungen der Zielfunktion. Folglich muss deren Rechenzeit minimal gehalten werden [26, 56].

Anwendungen von genetischen Algorithmen zur multikriteriellen Optimierung von Antriebstopologien sind bei Orner und Vaillant zu finden [69, 95]. Ferner finden sich diese Algorithmen auch in der Auslegung der E-Maschine bei Parekh [70] oder eines DC/DC-Wandlers bei Velić *et al.*[98].

2.2 Grundlagen der Ökobilanz

Für die Quantifikation von Umweltauswirkungen über den kompletten Lebenszyklus von Produkten, Verfahren und Dienstleistungen ist die Methode der Ökobilanzierung (*engl.* Life Cycle Assessment, LCA) etabliert. Durch die Normen DIN EN ISO 14040 und 14044 wird ein methodischer Rahmen für die Ökobilanz vorgegeben, ohne die Methode zur Bestimmung der Umweltauswirkungen vorzugeben [21, 22]. Daher wird in den folgenden Unterabschnitten auf den für die Arbeit relevanten Umfang der Normung, die ergänzenden Methoden der Ökobilanzung und die Anwendung auf elektrische Antriebe in der Literatur eingegangen. Eine umfassende Beschreibung der Methoden zur Ökobilanzierung ist in den Werken von Frischknecht [35], Hauschild [37] und den Normen [21, 22] zu finden.

2.2.1 Methodisches Vorgehen zur Ökobilanzierung

Die Norm DIN EN ISO 14040 [21] beschreibt das methodische Vorgehen der Ökobilanz anhand von vier Phasen, die in Abbildung 2.3 dargestellt sind: Der Festlegung des Ziels und des Untersuchungsrahmens, der Sachbilanz, der Wirkungsabschätzung und der Auswertung. Die konkrete Ausgestaltung dieser vier Phasen ist in der Norm DIN EN ISO 14044 [22] festgehalten.

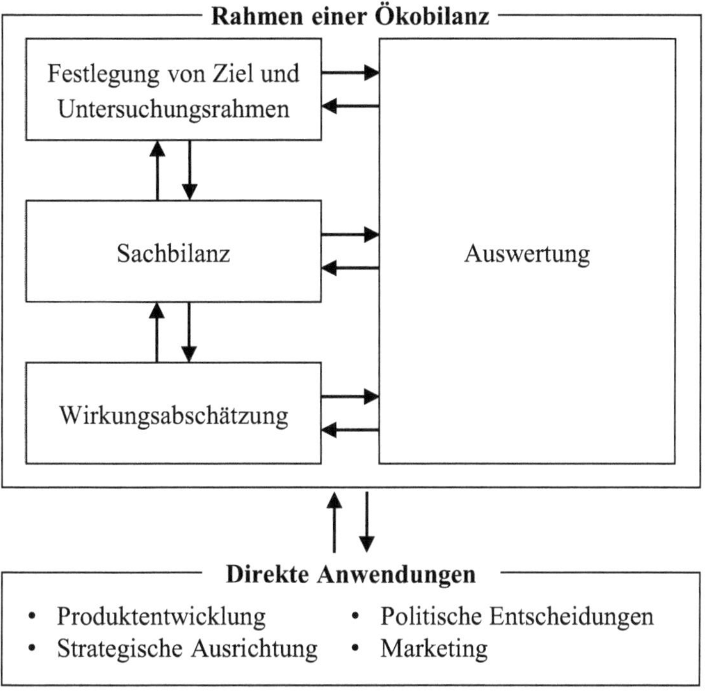

Abbildung 2.3: Rahmen einer Ökobilanz nach DIN EN ISO 14040 [21]

2.2.2 Zielsetzung und Untersuchungsrahmen

Der erste Schritt der Ökobilanz ist die Zielsetzung und die Definition des Untersuchungsrahmens. Die Zielsetzung umfasst die beabsichtigte Anwendung, die Gründe zur Durchführung der Studie und die angesprochene Zielgruppe. In der Definition des Untersuchungsrahmens der Studie wird sowohl das zu untersuchende Produktsystem und seine Systemgrenze festgelegt, als auch jeder frei definierbare Aspekt zur Durchführung der Ökobilanz. Die Norm sieht dabei insgesamt 14 Punkte vor [22]. Davon sind für die weiteren Ausführungen dieser Arbeit drei Punkte besonders relevant: Die funktionelle

Einheit, die Allokation im Rahmen der Sachbilanz und die Auswahl der Methode zur Wirkungsabschätzung.

Die funktionelle Einheit definiert den quantifizierten Nutzen eines Produktsystems als Vergleichseinheit. Sämtliche Ergebnisse in Form von Umweltauswirkungen einer Ökobilanz werden auf ihre funktionelle Einheit normiert. Bei Ökobilanzen von Fahrzeugen und Antriebskomponenten sind Kilometer, Komponenten- oder Fahrzeugleben gängige funktionelle Einheiten [66, 102].

2.2.3 Sachbilanz

Die Befüllung des im ersten Schritt gesetzten Rahmens der Ökobilanz erfolgt in der Sachbilanz. Hier findet die Erhebung von Daten zur quantitativen und qualitativen Beschreibung des Produktsystems statt [22]. Die Schritte zur Herstellung, Nutzung und Entsorgung/Recycling werden als Prozesse mit In- und Outputs strukturiert. Die erforderlichen Daten zur Beschreibung der Prozesse können in Form von Primärdaten direkt bei Nutzern oder Herstellern erhoben werden. Zusätzlich kommen Literatur und Datenbanken zum Einsatz. Die Normierung der Daten in Teilprozessen erfolgt häufig auf eine andere funktionelle Einheit als diejenige, welche für das im Fokus stehende Produktsystem gewählt wurde.

In den Umfang der Sachbilanz fällt auch die Allokation von Ressourcen- und Energieaufwänden in Prozessen mit mehreren Outputs (sog. Koppelprozesse). In vielen Fällen können die Aufwände einem Output zugewiesen werden, der als einziges Hauptprodukt wirtschaftliche Erträge aus dem Prozess erzielt [35]. Treten jedoch mehrere Outputs in einem Prozess auf, die wirtschaftliche Erträge erzielen, so muss entweder die Bilanzhülle der Ökobilanz um die Verwendung der weiteren Outputs erweitert werden oder eine Allokation vorgenommen werden. Ersteres ist dabei entsprechend der DIN EN ISO 14044 zu bevorzugen [21]. Ist eine Allokation unumgänglich, kann entsprechend der physikalischen Eigenschaften oder des ökonomischen Werts der Koppelprodukte allokiert werden. Eine Allokation ist ebenfalls erforderlich beim Recycling am Lebenszyklusende (EoL) oder dem Einsatz von Rezyklaten in der Herstellung. Hierbei müssen die Aufwände und Ersparnisse von Rezyklaten zwischen dem Bereitsteller und dem Verwender ohne doppelte Anrechnung aufgeteilt werden. Eine ensprechende Berechnungsmethode wurde im Rahmen der Vereinheitlichung von Ökobilanzmethoden durch das Joint Research Centre (JRC) der Europaischen Kommision im PEF veröffentlicht [104]. Die Circular Footprint Formula (CFF, Gl. 2.1) beschreibt die Aufteilung von Umweltauswirkungen zwischen den betrachteten und angrenzenden Produktsystemen. Die Gleichung besteht dabei aus drei Summanden von Umweltauswirkungen: Der erste Summand beschreibt die Verwendung von Primärmaterial zur Herstellung. Der zweite Summand erfasst den Einsatz von Sekundärmaterial in der Herstellung. Im dritten Summand erfolgt die Berechnung einer Gutschrift durch Sekundärmaterialerzeugung am EoL.

$$\begin{aligned} E =&(1-R_1)E_\mathrm{V} + R_1\left(A\cdot E_\mathrm{recycled} + (1-A)E_\mathrm{V}\frac{Q_\mathrm{S,in}}{Q_\mathrm{P}}\right) \\ &+(1-A)R_2\left(E_\mathrm{recycling,EoL} - E_\mathrm{V}^*\frac{Q_\mathrm{S,out}}{Q_\mathrm{P}}\right) \end{aligned} \qquad \text{Gl. 2.1}$$

mit

A	Allokationsfaktor von Bereitsteller und Verwender
E	Umweltauswirkungen des Produkts
E_recycled	Umweltauswirkungen aus dem Recycling des eingesetzten Sekundärmaterials
$E_\mathrm{recycling,EoL}$	Umweltauswirkungen aus dem Recycling des erzeugten Sekundärmaterials am EoL
E_V	Umweltauswirkungen aus Primärmaterialgewinnung
E_V^*	Umweltauswirkungen aus der Gewinnung des durch Rezyklat zu ersetzenden Primärmaterials
$Q_\mathrm{S,in}$	Qualität des verwendeten Sekundärmaterials
$Q_\mathrm{S,out}$	Qualität des erzeugten Sekundärmaterials
Q_P	Qualität des Primärmaterials
R_1	Sekundärmaterialanteil im Produkt
R_2	recycelter Materialanteil am Lebenszyklusende

Der Allokationsfaktor A beschreibt dabei die Aufteilung zwischen Bereitsteller und Verwender des Rezyklats. Ein Allokationsfaktor von $A = 1$ würde sämtliche Ersparnisse dem Verwender des Rezyklats zuteilen. Entsprechend der PEF-Methodik wird der Allokationsfaktor im Intervall $A = [0,2;0,8]$ gewählt, beispielsweise mit kleinen Werten für Materialien mit kleinem Angebot und hoher Nachfrage an Rezyklaten (z.B. Metalle). Entsprechende Standardwerte stellt der Annex C der PEF-Methodik bereit [51].

2.2.4 Wirkungsabschätzung

Die Wirkungsabschätzung umfasst die Übersetzung der Elementarflüsse aus der Sachbilanz in ihre Umweltauswirkungen. Elementarflüsse sind diejenigen Stoffströme, die direkt in die Umwelt freigesetzt werden. Dazu sind drei Teilschritte erforderlich, wie in Abbildung 2.4 dargestellt: Erstens die Auswahl von Wirkungskategorien, Wirkungsindikatoren und Charakterisierungsmodellen. Zweitens die Klassifizierung der Elementarflüsse zu den ausgewählten Wirkungskategorien und drittens die Berechnung der Wirkungsindikatorwerte (Charakterisierung). Im optionalen vierten Schritt können die Wirkungsindikatorwerte normiert und gewichtet werden.

Entsprechend der Norm DIN EN ISO 14040 ist die Methode zur Wirkungsabschätzung frei wählbar und wird bereits im Rahmen der Zielsetzung festgelegt. Mit der gewählten Methode stehen die zu verwendenden Charakterisierungsmodelle und auswählbaren Wirkungskategorien fest. Einen vergleichenden Überblick über 14 Methoden zur Wirkungsabschätzung geben Wu *et al.* [103]. Wesentliche Unterscheidungsmerkmale der Methoden sind die verwendeten Charakterisierungsmodelle, die Indikatoren und die Orientierung auf Ressourcen oder Emissionen. Bezüglich der Indikatoren ist zwischen sogenannten Midpoint und Endpoint Indikatoren zu unterscheiden. Midpoint Indikatoren werden innerhalb der Wirkkette von Umweltauswirkungen ermittelt (siehe Abbildung 2.5). Endpoint Indikatoren hingegen befinden sich am Ende der Wirkkette und ermöglichen die unmittelbare Darstellung der Umweltauswirkung. Allerdings sind die Werte

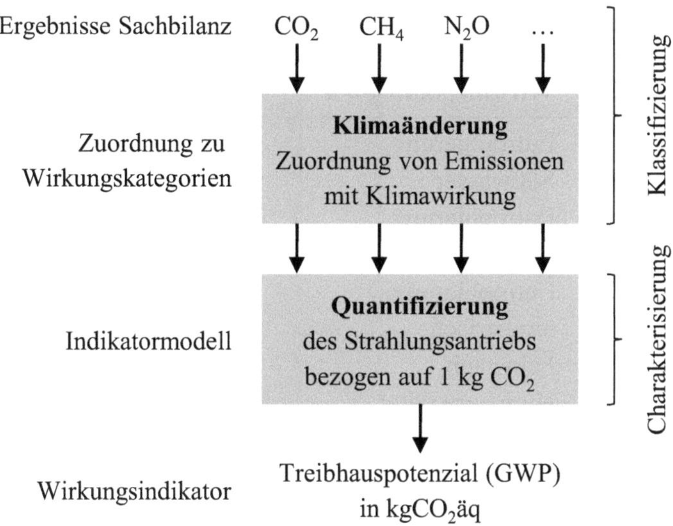

Abbildung 2.4: Ablauf von Klassifizierung und Charakterisierung in der Wirkungsabschätzung anhand der Auswirkung auf den Klimawandel nach Klöppfer [54]

von Endpoint Indikatoren mit höheren Unsicherheiten behaftet [4], sodass Midpoint Indikatoren für die Wirkungsabschätzung bevorzugt werden.

Die verfügbaren Wirkungskategorien sind in vielen Methoden vergleichbar oder teilweise identisch. Detaillierte Ausführungen zu den Wirkungskategorien und Charakterisierungsfaktoren sind allgemein bei Frischknecht [35] und für den PEF bei Bassi *et al.* und Fazio *et al.* zu finden [3, 32]. Die Wirkungskategorien und zugehörigen Indikatoren des im Folgenden verwendeten PEF 3.1 sind in Tabelle 2.1 aufgeführt.

Die Normierung und Gewichtung von Wirkungsindikatoren stellen laut Norm optionale Schritte dar [22], die jedoch Bestandteil der PEF-Methodik sind [3]. Die Normierung der Wirkungsindikatoren dient einer verbesserten Interpretierbarkeit der einzelnen Ergebnisse, durch die Verhältnisbildung mit einem internen oder externen Referenzsystem. Interne Referenzsysteme sind Varianten des betrachteten Produktsystems, externe Referenzsysteme

Tabelle 2.1: Wirkungskategorien und -indikatoren des PEF 3.1

Abkürzung	Wirkungskategorie	Wirkungsindikator
EU-FW	Eutrophierung, Süßwasser	Nährstoffemission in Süßwasser
EU-MR	Eutrophierung, Salzwasser	Nährstoffemission in Salzwasser
EU-TR	Eutrophierung, terrestrisch	Kumulierte Überschreitung
PM	Feinstaub	Krankheitsinzidenz
HT-CA	Humantoxizität, krebserregend	Vergleichende Toxische Einheit für Menschen
HT-NC	Humantoxizität, nicht krebserregend	Vergleichende Toxische Einheit für Menschen
IR	Ionisierende Strahlung	Wirksamkeit der Exposition relativ zu U^{235}
GWP	Klimawandel	Strahlungsantrieb als globales Erderwärmungspotenzial
LU	Landnutzung	Bodenqualitätsindex
ET	Ökotoxizität, Süßwasser	Vergleichende Toxische Einheit für Ökosysteme
RF	Ressourcennutzung, fossil	Abbiotische Ressourcenerschöpfung (ggü. fossilen Brennstoffen)
RM	Ressourcennutzung, mineralisch/metallisch	Abbiotische Ressourcenerschöpfung (ggü. Reserven)
PO	Ozon, fotochemisch	Anstieg der troposphärischen Ozonkonzentration
OD	Ozon, stratophärisch	stratosphärisches Ozonabbaupotenzial
AP	Versauerung, terrestrisch	Kumulierte Überschreitung
WU	Wasserverbrauch	Deprivationspotenzial

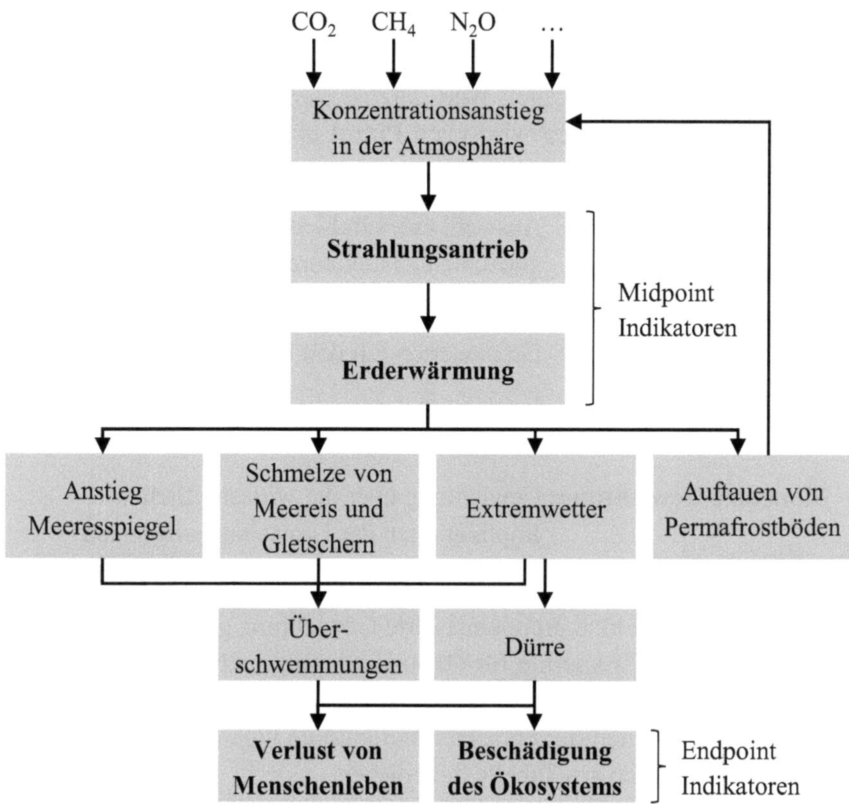

Abbildung 2.5: Wirkungspfad der Erderwärmung nach Hauschild [37]

hingegen die zeitlich und lokal summierten Umweltauswirkungen von Staaten und Regionen [35, 68]. Entsprechend der Ausführungen von Norris [68] sind externe Normierungen zu bevorzugen, da interne Normierungen nicht kongruent zwischen verschiedenen Ökobilanzen sind. Die Normierung nach PEF wird durch Sala *et al.* [80] beschrieben. Hier handelt es sich um eine externe Normierung auf Basis globaler Emissionen und Ressourcenverbräuche aus dem Jahr 2010. Aufgrund der Anpassungen in der Wirkungsabschätzung zum PEF 3.1 werden die Normierungsfaktoren des JRC nach Tabelle 2.2 verwendet [50].

Die Normierung stellt auch den vorbereitenden Schritt zur Gewichtung der Wirkungsindikatoren dar. Die Gewichtung ermöglicht es, das Ergebnis der Ökobilanz in einem einzelnen Wert darzustellen. Bei den Gewichtungsverfahren für Ökobilanzen wird nach Pizzol *et al.* [74] in vier Ansätze unterschieden:

- **Binäre Gewichtung:** Auswahl eines Indikators oder mehrerer gleich gewichteter Indikatoren
- **Distance-To-Target:** Abgleich von politischen/wissenschaftlichen Grenzwerten mit den Umweltauswirkungen
- **Gremiengewichtung:** Festlegung der Gewichtung durch Erhebung von Experten- und Stakeholdermeinungen
- **Monetäre Gewichtung:** Gewichtung über die wirtschaftlichen Implikationen der Umweltauswirkungen

Zusätzlich ist auch eine Kombination der genannten Ansätze möglich. Im Fall des PEF wurde eine gremienbasierte Gewichtung gewählt. Dazu wurden durch das JRC Experten für Ökobilanzierung und die Öffentlichkeit befragt. Das Befragungsergebnis wird zusätzlich noch um Expertenmeinungen zur Robustheit der einzelnen Indikatoren ergänzt, sodass sich die Gewichtungsfaktoren aus Tabelle 2.2 ergeben.

Der aus Normierung und Gewichtung resultierende Wert wird im Folgenden als Environmental Impact Index (EII) bezeichnet [102].

$$\mathrm{EII} = \sum_{c} w_c \frac{\mathrm{IS}_c}{n_c} \qquad \text{Gl. 2.2}$$

mit

c	Wirkungskategorie
w_c	Gewichtungsfaktor der Wirkungskategorie
IS_c	Wert des Wirkungsindikators
n_c	Normierungsfaktor der Wirkungskategorie

Tabelle 2.2: Normierungs- und Gewichtungsfaktoren zur Bildung des EII

Wirkungskategorie	Normierung	Gewichtung
Eutrophierung, Süßwasser	$1{,}1080 \cdot 10^{10}$	0,028
Eutrophierung, Salzwasser	$1{,}3478 \cdot 10^{11}$	0,0296
Eutrophierung, terrestrisch	$1{,}2189 \cdot 10^{12}$	0,0371
Feinstaub	$4{,}1056 \cdot 10^{6}$	0,0896
Humantoxizität, krebserregend	$1{,}1897 \cdot 10^{5}$	0,0213
Humantoxizität, nicht krebserregend	$8{,}8775 \cdot 10^{5}$	0,0184
Ionisierende Strahlung	$2{,}9102 \cdot 10^{13}$	0,0501
Klimawandel	$5{,}2085 \cdot 10^{13}$	0,2106
Landnutzung	$5{,}65 \cdot 10^{15}$	0,0794
Ökotoxizität, Süßwasser	$3{,}9111 \cdot 10^{14}$	0,0192
Ressourcennutzung, fossil	$4{,}4826 \cdot 10^{14}$	0,0832
Ressourcennutzung, mineral./metall.	$4{,}3873 \cdot 10^{8}$	0,0755
Ozon, fotochemisch	$2{,}8176 \cdot 10^{11}$	0,0478
Ozon, stratophärisch	$3{,}61 \cdot 10^{8}$	0,0631
Versauerung, terrestrisch	$3{,}8320 \cdot 10^{11}$	0,062
Wasserverbrauch	$7{,}9087 \cdot 10^{13}$	0,0851

2.2.5 Auswertung

Die Auswertung der Ökobilanz erfolgt entsprechend der Norm DIN EN ISO 14044 durch die Identifizierung der signifikanten Parameter aus Sachbilanz und Wirkungsabschätzung, einer Beurteilung von Vollständigkeit und Konsistenz, sowie dem Aufstellen von Schlussfolgerungen und Einschränkungen.

Diese drei Bestandteile werden in den Vorgaben des PEF um eine Hotspotanalyse ergänzt. In dieser Analyse werden die relevantesten Wirkungskategorien, Prozesse, Flüsse und Lebenszyklusphasen identifiziert [104]. Letztendlich muss durch die Auswertung bestimmt werden, ob die übergeordneten Fragestellungen zuverlässig beantwortet werden können, welche die Ökobilanz auslösten.

2.3 Ökobilanzierung des elektrischen Antriebs

Startpunkt für die Bewertung von Umweltauswirkungen von elektrischen Antrieben stellen erste Publikationen, unter anderem von Lave *et al.* [58], über vergleichende Ökobilanzen von Fahrzeugantrieben und Kraftstoffen um die Jahrtausendwende dar. Solche Untersuchungen werden regelmäßig wiederholt und stellen ein fortlaufendes Forschungsfeld dar [59, 66, 90]. Auch Mehrzieloptimierungen finden in dieses Forschungsfeld Einzug, beispielsweise für die Untersuchung des Zielkonfliktes zwischen Wirtschaftlichkeit und Nachhaltigkeit von Antrieben für Lastkraftwagen durch Wolff [102]. Vertieft wird dieses Forschungsfeld durch Ökobilanzen von Subsystemen des Antriebs und den darin enthaltenen Komponenten (siehe Tabelle 2.3).

Eine skalierbare Sachbilanz für Ökobilanzen über die Herstellung elektrischer Maschinen für Fahrzeugantriebe stellen Nordelöf *et al.* auf [65, 67]. Dabei handelt es sich um eine E-Maschine mit geringer Leistungsdichte von $3{,}5\,\mathrm{kW\,kg^{-1}}$ und Runddrahtwicklung. Die Verwertung am Lebenszyklusende wird von del Pero *et al.* anhand der E-Maschine eines Formel E Fahrzeugs betrachtet [18]. Darüber hinaus existieren vergleichende Ökobilanzen zur Bewertung unterschiedlicher Werkstoffe für Aktivteile. So vergleichen Nordelöf *et al.* und Raghuraman *et al.* [64, 77] die Magnetwerkstoffe NdFeB, SmCo und Sr-Ferrite in verschiedenen Rotorvarianten hinsichtlich ihrer Umweltauswirkungen in der Herstellung und elektromagnetischen Eigenschaften. In einer dieser Arbeit vorangegangenen Publikation wurde der technisch-ökologische Einfluss verschiedener NdFeB Magnetgüten in einer PSM untersucht [57]. Durch die unterschiedlichen Umweltauswirkungen von Aluminium und Kupfer motiviert, vergleichen Acquaviva *et al.* [1] Auslegungen von PSM mit diesen Wicklungswerkstoffen. Auf Basis der skalierbaren Sachbilanz von Nordelöf führt Pérez-Cardona die Optimierung einer E-Maschine mit Oberflächenmagneten im Fahrzeugkontext durch, wobei der Fokus wahlweise auf den Umweltauswirkungen [72], der Eingliederung in die Kreislaufwirtschaft [48] oder dem Lieferkettenrisiko [73] liegt.

Eine skalierbare Sachbilanz auf Ebene des PWR ist ebenfalls in Publikationen von Nordelöf *et al.* zu finden [62, 63]. Analog zur E-Maschine liegt der Fokus dieser Publikationen auf einer leistungsabhängig skalierbaren Sachbilanz über die Herstellung des PWR und der enthaltenen Komponenten. Während Nordelöf nur IGBT-Halbleiter betrachtet, stellen Musil *et al.* eine vergleichende Ökobilanz zwischen einem IGBT- und SiC-PWR für Photovoltaikanlagen auf [61]. Bezüglich des Verhältnisses von Umweltschäden in Herstellung und Nutzung von Leistungselektronik stellt Kolar anhand verschiedener PWR-Topologien dar, dass Energieeffizienz als alleiniges Nachhaltigkeitsmerkmal nicht ausreichend ist [55]. Erste Untersuchungen zur Aufnahme der Auswirkung auf den Klimawandel als Zielgröße in der Mehrzieloptimierung von PWR führen Huber *et al.* und Imperiali *et al.* durch [40, 44].

Zusammenfassend bestehen sowohl Untersuchungen zur Ökobilanzierung einzelner Subsysteme und Komponenten innerhalb des elektrischen Antriebs, als auch auf konzeptioneller Ebene zum Vergleich von Antriebstechnologien. Bislang wurde die Berücksichtigung von Umweltauswirkungen in der Auslegung von elektrischen Antrieben, sowie die Analyse der Auswirkungen fahrzeugtechnischer und wirtschaftlicher Anforderungen auf die Umweltauswirkungen noch nicht hinreichend untersucht.

Tabelle 2.3: Literaturüberblick zur Ökobilanzierung elektrischer Antriebe

	Subsysteme			Gegenstand der Publikation			
Autor und Jahr	**GTR**	**EM**	**PWR**	**LCI**	**LCIA**	**Vergleich**	**Optimierung**
Acquaviva 2019 [1]		x				Wicklungen	
Huber 2024 [40]			x		x		x
Imperiali 2024 [44]			x		x		x
Kolar 2023 [55]			x		x	PWR-Topologien	
Könen 2023 [57]		x		x	x	Magnete	
Musil 2023 [61]			x	x	x	Transistoren	
Nordelöf 2018 [65, 67]		x		x			
Nordelöf 2019 [64]		x			x	Magnete	
Nordelöf 2019 [62, 63]			x	x			
Pérez-Cardona 2024 [72]		x			x		x
Raghuraman 2019 [77]		x				Magnete	

Abkürzungen: GTR - Getriebe, EM - elektrische Maschine, PWR - Pulswechselrichter
LCI - Sachbilanz, LCIA - Wirkungsabschätzung

3 Untersuchungsrahmen

Gegenstand der Untersuchungen dieser Arbeit ist die Antriebseinheit einer Achse für ein elektrisches Fahrzeug in Form eines Zentralantriebs. Analog zu vorherigen Arbeiten zur Auslegung von elektrischen Antriebseinheiten ist der Energiespeicher in Form der Batterie nicht Teil des Untersuchungsrahmens [27, 95]. So kann die Methodik auf elektrische Fahrzeuge mit anderen Energiespeichern übertragen werden. Der Fokus der Untersuchungen liegt auf der Auslegung des Antriebs hinsichtlich der technischen Eigenschaften und der Umweltauswirkungen.

Um der Modellbildung der folgenden Kapitel 4 und 5 einen Rahmen zu geben, wird im ersten Abschnitt 3.1 der Umfang der Untersuchung abgegrenzt. In Abschnitt 3.2 erfolgt die Strukturierung des Antriebs in Subsysteme und Komponenten, sowie die Definition interner und externer Schnittstellen des Antriebs. Anschließend wird die Methode in den Fahrzeugentwicklungsprozess mithilfe des V-Modells eingeordnet. Der letzte Abschnitt 3.4 schließt mit der Zusammenfassung der Anforderungen an die Modellbildung für die folgenden Kapitel ab.

3.1 Abgrenzung des Untersuchungsrahmens

Entsprechend der Definition des Antriebs als Summe aus Getriebe, elektrischer Maschine und Pulswechselrichter beschränken sich die Untersuchungen und Modelle dieser Arbeit auf diesen Umfang. Im Fokus stehen dabei sowohl die konventionellen Anforderungen an ein Antriebssystem hinsichtlich Längsdynamik, Effizienz, Kosten und Masse, als auch neue Anforderungen hinsichtlich der Umweltauswirkungen über den Lebenszyklus.

C. Könen, *Technisch-ökologische Mehrzieloptimierung der Antriebseinheit elektrischer Fahrzeuge*, Wissenschaftliche Reihe Fahrzeugtechnik Universität Stuttgart, https://doi.org/10.1007/978-3-658-49446-9_3

Sekundäre Effekte außerhalb des Antriebs, beispielsweise erhöhte Verlustleistungen in Fahrzyklen durch Steigerungen der Fahrzeugmasse oder höhere Verlustleistungen in der Batterie, werden nicht berücksichtigt.

Die Untersuchungen des Antriebs finden im Kontext eines Fahrzeugeinsatzes in einer batterieelektrischen Sportlimousine der Oberklasse statt. Segmentspezifisch liegt der Fokus auf Antriebsleistungen >300 kW, Achsdrehmomenten >6000 Nm und Höchstgeschwindigkeiten >250 $\mathrm{km\,h^{-1}}$.

Für die Bewertung der Umweltauswirkungen wird ein Fahrzeuglebenszyklus in Europa betrachtet. Sind Lieferketten für ausgewählte Komponenten des Antriebs innerhalb Europas für die Fahrzeugindustrie nicht etabliert, so wird der Untersuchungsrahmen entsprechend erweitert.

3.2 Strukturierung des Antriebs

Innerhalb des Untersuchungsrahmens findet eine Strukturierung des Antriebssystems in kleinere Teile mit Verbindungen durch Schnittstellen statt, um die Modellbildung zu vereinfachen. In diesem Kontext sind zudem die Zielgrößen der Antriebsauslegung von Relevanz. Diese umfassen sowohl technische Zielgrößen zur Längsdynamik, zum Verbrauch und zur Masse als auch Zielgrößen zu den Umweltauswirkungen. Um verschiedene Antriebsvarianten bezüglich sämtlicher Zielgrößen bewerten zu können, müssen sowohl intrinsische Eigenschaften des Antriebs als auch extrinsische Faktoren, beispielsweise aus der Herstellung, modelliert werden. Im Folgenden werden zur Strukturierung die interne Struktur des Antriebs dargestellt, sowie interne und externe Schnittstellen des Antriebs definiert.

3.2.1 Interne Struktur

Der Antrieb stellt ein System des Fahrzeugs dar. Dieses System setzt sich wiederum aus Subsystemen zusammen, welche im Fall des Antriebs das Getriebe, die E-Maschine und der Pulswechselrichter sind. In der untersten Ebene finden sich die Komponenten, aus denen die einzelnen Subsysteme zusammengesetzt sind (siehe Abbildung 3.1). Angesichts der Austauschbarkeit der Technologien einzelner Subsysteme bietet sich eine getrennte Modellbildung für jedes Subsystem oder Komponente an.

Entsprechend der etablierten Technologien für jedes Subsystem behandelt diese Arbeit Antriebe bestehend aus einem stirnradverzahnten 1-Gang Getriebe, einer permanenterregten Synchronmaschine und einem 2-Level Pulswechselrichter mit SiC-Halbleitern.

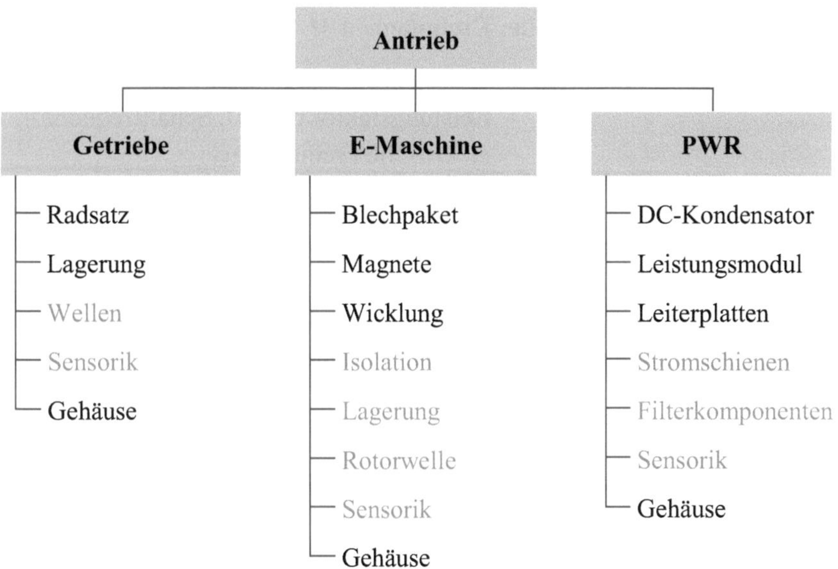

Abbildung 3.1: Struktur des Antriebs

3.2.2 Interne und fahrzeugseitige Schnittstellen

Die auslegungsrelevanten internen und fahrzeugseitigen Schnittstellen des Antriebs ergeben sich anhand des Leistungsflusses durch die Subsysteme der Antriebseinheit (siehe Abbildung 3.2). Zum Fahrzeug bilden die Übergänge zur Batterie und zum Rad die Schnittstellen, welche über die folgenden Schnittstellengrößen als Randbedingung wirken:

- **Batterie:** DC-Spannung U_{DC}, maximaler DC-Strom $I_{DC,max}$
- **Rad:** Übertragbares Drehmoment M_{max}, maximale Raddrehzahl n_{max}

Zwischen den einzelnen Subsystemen bestehen zwei interne Schnittstellen: Erstens eine mechanische Schnittstelle zwischen Getriebe und E-Maschine und zweitens eine elektrische Schnittstelle zwischen E-Maschine und PWR.

- **Mechanische Schnittstelle:** Drehmoment M, Drehzahl n
- **Elektrische Schnittstelle:** Phasenstrom I_{Ph}, Phasenspannung U_{LL}, Leistungsfaktor $\cos(\varphi)$, Schaltfrequenz f_s elektrische Frequenz ω_{el}

Die Größen, welche an den internen Schnittstellen übertragen werden, sind in Fahrzyklen zeitlich variabel. Zudem beeinflusst die Auslegung der Subsysteme die Werte dieser Größen, sodass die Subsystemmodelle die betreffenden Größen in Form von Kennfeldern ausgeben müssen, um sie flexibel für die Fahrzyklusberechnung rekombinieren zu können.

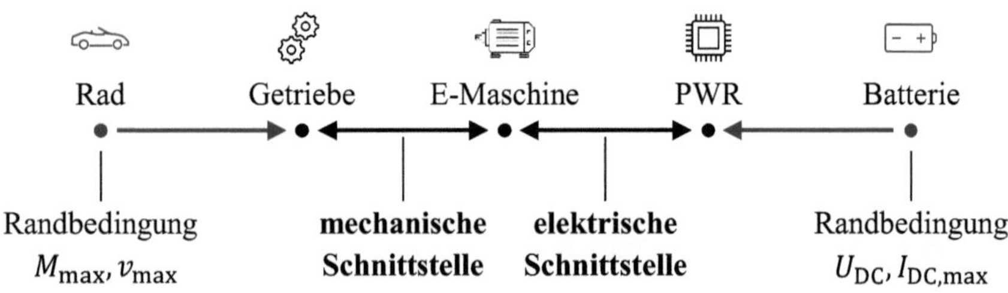

Abbildung 3.2: Interne Schnittstellen des Antriebs

3.2.3 Externe Schnittstellen zur Umwelt

Die externen Schnittstellen des Antriebs sind für die Bestimmung der Umweltauswirkungen relevant und ergeben sich aus dem Lebenszyklus des Antriebs. Dieser gliedert sich in die drei Phasen: Herstellung, Nutzung und Entsorgung/Recycling (EoL). In jeder der drei Phasen interagiert der Antrieb mit verschiedenen Teilen der Umwelt. Um in der jeweiligen Lebenszyklusphase die Umweltauswirkungen zu bestimmen, sind folgende Daten über den Antrieb erforderlich:

- **Herstellung:** Herstellungsprozess und Materialbedarf der Komponenten (Masse, Geometrie, Werkstoff)
- **Nutzung:** Verlustleistung, Energiequelle zum Betrieb und Lebensdauer
- **EoL:** Art der Entsorgung/Recycling und Materialgehalt des Antriebs (Masse, Werkstoffe)

Da der Fokus der Untersuchung auf der Auslegung des Antriebs liegt, erfolgt keine parametrische Variation der Wertschöpfungsketten, Energiequellen oder Entsorgungsarten. Folglich werden in der Ökobilanz aus Kapitel 4 hauptsächlich die Material- und Energiemengen der Sachbilanz variiert.

3.3 Einordnung in den Entwicklungsprozess

Aufbauend auf der Struktur des Antriebs aus Unterabschnitt 3.2.1 lässt sich die Auslegung des Antriebs in den Kontext der Fahrzeugentwicklung einordnen. Zur Darstellung des Entwicklungsprozesses von Fahrzeugen hat sich das V-Modell etabliert. Darin befindet sich die Antriebsauslegung im linken Teil des V-Modells [95], wo die Spezifikation sämtlicher (Sub-)Systeme und Komponenten im Fahrzeug erfolgt. Der antriebsrelevante Teil der Fahrzeuganforderungen $\vec{r}_{\mathrm{Fzg}}$ stellt dafür die Ausgangsbasis dar. Im Rahmen der Spezifikation werden diese Anforderungen auf die (Sub-)Systeme und Komponenten ebenenweise heruntergebrochen. Hierbei tritt bereits auf Systemebene die Herausforderung auf, dass eine eindeutige Fahrzeuganforderung $\vec{r}_{\text{Fzg}}$ in der Regel durch Antriebe mit verschiedenen Eigenschaften $\vec{p}_{\text{Ant}} \in P$ erfüllt werden kann [56]. Die Menge der gültigen Antriebe P, welche die Fahrzeugeigenschaften $\vec{r}_{\text{Fzg}}$ erfüllen, besteht aus Kombinationen von verschiedenen Subsystemen, welche wiederum aus einer Menge an Kombinationen verschiedener Komponenten X besteht. Die Ausprägung der Komponenten wird durch die Parameter des Vektors $\vec{x}$ beschrieben. Aufgrund der zunehmenden Anzahl an Freiheitsgraden mit jeder tieferen Ebene im V-Modell wächst der Designraum (siehe Abbildung 3.3).

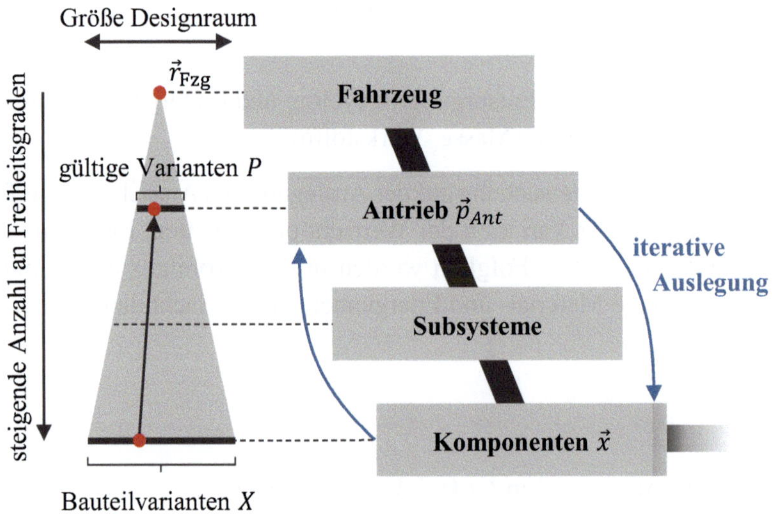

Abbildung 3.3: Einordnung der Antriebsauslegung im V-Modell

Ferner ist es unmöglich, die Anforderungen innerhalb des Antriebs von oben nach unten im V-Modell abzuleiten mit dem Ziel, die parametrische Beschreibung $\vec{x}$ eines passenden Antriebs zu bestimmen. Die Ursache dafür ist, dass die Funktion zur Bestimmung der Antriebseigenschaften $\vec{p}_{\text{Ant}} = f(\vec{x})$ nicht umkehrbar ist. Folglich müssen verschiedene Antriebsvarianten X

definiert und deren Eigenschaften berechnet werden, um valide Antriebe P zu finden. In der industriellen Praxis finden daher im Entwicklungsprozess iterative Schleifen statt. Diese lassen sich mithilfe von modellbasierten Auslegungs- und Optimierungsverfahren beschleunigen. Dementsprechend ist die optimierungsgeeignete Modellierung der Antriebskomponenten bezüglich ihrer Leistungsfähigkeit und ihrer Umweltauswirkungen Gegenstand von Kapitel 5.

3.4 Anforderungen an die Modellbildung

Die Anforderungen an die Modellbildung ergeben sich ausgehend vom Untersuchungsrahmen, der Strukturierung des elektrischen Antriebs und dem Aufbau einer Mehrzieloptimierung. Die Modellanforderungen begründen auch das Vorgehen der Kapitel 4 und 5.

Resultierend aus der Fokussierung des Untersuchungsrahmens auf den elektrischen Antrieb und der modularen Strukturierung in Subsysteme sollen drei Teilmodelle für die Modellierung der technischen Eigenschaften von Getriebe, E-Maschine und PWR gebildet werden. Die Verknüpfung dieser Teilmodelle erfolgt über die Schnittstellen, die in Unterabschnitt 3.2.2 definiert wurden. Zum Einsatz als Zielfunktion in einer Mehrzieloptimierung ist die Rechenzeit dieser Modelle zu minimieren. Basierend auf den technischen Eigenschaften und der physischen Gestalt sollen zudem die auslegungsabhängigen Umweltauswirkungen des Antriebs berechnet werden. Da die Ökobilanz auf den Modellen der technischen Eigenschaften aufbauen muss, ist die Konsistenz der technischen Modellierung zur Ökobilanz sicherzustellen. Dazu müssen beide Modelle die physische Gestalt des Antriebs abbilden. Da die Bestimmung der Antriebseigenschaften der parametrischen Beschreibung $\vec{x}$ nicht eindeutig aus den Eigenschaften des Antriebs $\vec{p}_{\text{Ant}}$ ermittelt werden kann, soll die parametrische Beschreibung $\vec{x}$ oder ein Teil derer als Eingangsgröße sämtlicher Modelle verwendet werden.

4 Ökobilanz des elektrischen Antriebs

Zur Quantifizierung der Umweltauswirkungen elektrischer Antriebe über den gesamten Produktlebenszyklus wird folgend in einer generischen Vorgehensweise eine Ökobilanz aufgestellt, welche entsprechend der ersten Forschungsfrage auslegungsabhängig auf unterschiedliche Antriebe angewendet werden kann (siehe Abschnitt 1.1). Die Durchführung der Ökobilanz erfolgt nach dem in DIN EN ISO 14044 genormten Vorgehen.

Dazu werden im ersten Abschnitt die Zielsetzung und der Untersuchungsrahmen der Ökobilanz festgelegt. Im zweiten Abschnitt werden generische Sachbilanzen für die Lebenzyklusphasen und Komponenten des Antriebs aufgestellt, die sich über die funktionelle Einheit oder Parameter auslegungsabhängig anpassen lassen. Anschließend wird im Abschnitt 4.3 die Wirkungsabschätzung für die Aktivteile des Antriebs und für einen exemplarischen Antrieb durchgeführt, einschließlich der Normierung und Gewichtung der Umweltauswirkungen zum EII. Im abschließenden Abschnitt 4.4 erfolgt die Auswertung der Ökobilanz mit Hilfe einer Hotspotanalyse.

4.1 Zielsetzung und Untersuchungsrahmen

Zielsetzung der folgenden Ökobilanz ist die Quantifizierung von Umweltauswirkungen elektrischer Antriebe über den gesamten Lebenszyklus. Die erarbeitete Methodik wird anschließend in Kapitel 5 für die Auslegung elektrischer Antriebe in eine Mehrzieloptimierung der ökologischen und technischen Eigenschaften integriert, um vergleichende Aussagen über verschiedene Auslegungen entlang von Pareto-Fronten treffen zu können.

Der Untersuchungsrahmen der Ökobilanz umfasst das in Kapitel 3 definierte Produktsystem eines elektrischen Antriebs, dessen Funktion die

C. Können, *Technisch-ökologische Mehrzieloptimierung der Antriebseinheit elektrischer Fahrzeuge*, Wissenschaftliche Reihe Fahrzeugtechnik Universität Stuttgart, https://doi.org/10.1007/978-3-658-49446-9_4

Bereitstellung von Drehmoment an einer Fahrzeugachse über den gesamten Lebenszyklus ist. Entsprechend der Definition des Antriebs als System eines Fahrzeugs ist die funktionelle Einheit ein Antrieb.

Die Systemgrenze zur Betrachtung des Produktsystems verläuft entlang der Schnittstellen des Antriebs zum Fahrzeug gemäß Unterabschnitt 3.2.2. Somit liegen die Herstellung und Verwertung von Getriebe, E-Maschine und PWR einschließlich ihrer Wertschöpfungskette innerhalb der Systemgrenze. Zusätzlich umfasst die Systemgrenze auch den in diesen drei Subsystemen anfallenden Stromverbrauch während der Nutzung und den Bezug des Stroms aus dem Stromnetz. Der weitere Umfang des Fahrzeugs, insbesondere der Stromverbrauch des Fahrzeugs infolge von Fahrwiderständen liegt nicht innerhalb der Systemgrenze. Der Verlauf der Systemgrenze im Kontext des Fahrzeugs ist als Systemfließbild in Abbildung 4.1 dargestellt.

Als Abschneidekriterium für die Erfassung von Flüssen gilt, dass der zu vernachlässigende Fluss zu maximal einem Prozent zur gesamten Masse, Energie oder Umweltauswirkung des Produktsystems beitragen darf. Handelt es sich um einen Fluss, der zu einer Komponente gehört, die nicht an der Leistungswandlung oder -übertragung des Antriebs beteiligt ist, so wird dieser Fluss ebenfalls abgeschnitten. Dies ist durch die Zielsetzung der Ökobilanz als Werkzeug für die Auslegung des Antriebs zu begründen. Die Flüsse der Gehäusebauteile des Antriebs werden aufgrund ihrer hohen Umweltrelevanz nicht abgeschnitten. Der Energieverbrauch in der Endmontage des Antriebs fällt ebenfalls unter das Abschneidekriterium, da er nicht auslegungsabhängig ermittelt werden kann.

Als Annahme für die Lebensdauer des Antriebs werden Daten über die Lebensdauer von Fahrzeugen aus der europäischen Union verwendet. Hier beträgt die durchschnittliche Fahrzeuglebensdauer 21,8 Jahre bei einer jährlich zurückgelegten Strecke von 12 540 km [31, 38]. Somit ergibt eine Gesamtlebensdauer von 273 372 km für die Nutzungsphase des Antriebs. Zudem wird angenommen, dass keine Antriebskomponenten während der Fahrzeuglebensdauer getauscht werden müssen.

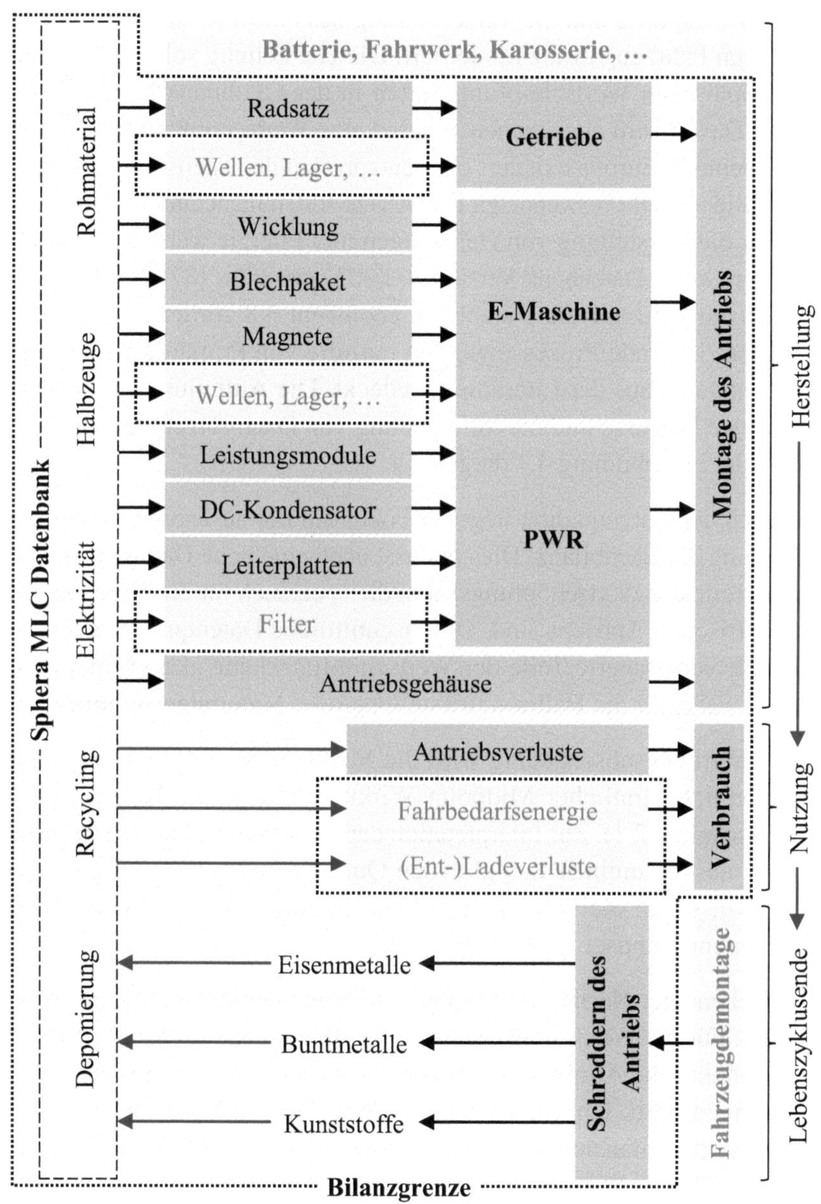

Abbildung 4.1: Bilanzgrenze der LCA im Kontext des Fahrzeugs

Die Nutzungsphase und die Verschrottung des Antriebs sind für einen europäischen Fahrzeugabsatz modelliert. Die Herstellung soll vorzugsweise mit europäischen Wertschöpfungsketten in der Ökobilanz berücksichtigt werden. Davon wird abgewichen, sofern keine Wertschöpfungskette für die Komponente in Europa existiert oder entsprechende Datensätze für Europa nicht vorliegen. Die verwendeten Datensätze sollen nicht älter als zehn Jahre sein. Für die Herstellung von Halbzeugen und Energie werden Datensätze der Sphera MLC-Datenbank Version 2023.02 verwendet [87]. Bei fehlenden Datensätzen wird auf die Datenbank ecoinvent 3.8 zurückgegriffen [25]. Weiterverarbeitende Prozesse werden mithilfe von Primärdaten oder spezifischen Daten aus der Literatur abgedeckt. Die Aufteilung in spezifisch modellierte Prozesse und die Verwendung von Datensätzen der MLC-Datenbank ist in Abbildung 4.1 dargestellt.

Bezüglich der Datenqualität liegt der Fokus auf der auslegungsabhängigen Aufstellung der Sachbilanz. Dies umfasst auch eine hohe Datenqualität derjenigen Teile der Wertschöpfungskette, die spezifisch für die Komponenten des elektrischen Antriebs sind. Durchschnittliche Datenqualität kann hingegen für vorgelagerte Teile der Wertschöpfungskette akzeptiert werden, beispielsweise für die Halbzeugherstellung oder Materialgewinnung.

Für die Wirkungsabschätzung wird die Methode des PEF 3.1 verwendet, einschließlich sämtlicher Midpoint Wirkungskategorien des PEF (siehe Unterabschnitt 2.2.1). Zur Interpretation der Wirkungsindikatorwerte erfolgt die Normierung mithilfe den globalen Quotienten des PEF 3.1 nach Sala *et al.* [80], sowie die anschließende Gewichtung und Summierung zum Environmental Impact Index nach Gl. 2.2.

Entsprechend der Norm DIN EN ISO 14044 werden Allokationen vermieden [22]. Für die Wertschöpfungskette des Permanentmagneten ist jedoch eine ökonomische Allokation erforderlich, worauf im Unterabschnitt 4.2.2 eingegangen wird. Um die Allokation durch Recycling zu vereinfachen, werden für die Bilanzierung der Antriebsherstellung nur Primärmaterialien eingesetzt. Zum Lebenszyklusende erfolgt die Anrechnung von Gutschriften durch Recycling auf Basis der Circular Footprint Formula (Gl. 2.1).

4.2 Generische Sachbilanz des Antriebs

In den folgenden Unterabschnitten werden generische Sachbilanzen für die einzelnen Lebenszyklusabschnitte und Komponenten des elektrischen Antriebs aufgestellt.

Über die Phasen des Produktlebenszyklus werden wiederholt die drei Energieträger Elektrizität, Erdgas und Druckluft benötigt. Sofern nicht anders beschrieben, werden diese einheitlich mithilfe der in Tabelle 4.1 aufgeführten Prozesse der Sphera MLC-Datenbank modelliert.

Tabelle 4.1: Verwendete Standardprozesse für Energieträger

Energieträger	Prozessname
Druckluft	GLO: Compressed air 7 bar (medium power consumption)
Elektrizität	RER: Electricity grid mix
Erdgas (therm. Energie)	RER: Thermal energy from natural gas

Für die Herstellung der Komponenten der einzelnen Subsysteme ist es im Einzelnen erforderlich, Prozessparameter der Produktion anzupassen. Daher erfolgt die Sachbilanz aller Komponenten zweigeteilt, entsprechend Abbildung 4.2: Im statischen Teil der Sachbilanz wird die Produktion von Energieträgern und Halbzeugen mithilfe der Sphera MLC-Datenbank abgebildet. Im auslegungsabhängigen Teil der Sachbilanz erfolgt die Beschreibung der Produktionsprozesse der Komponenten, sowie die Montage der Komponenten zum Antrieb. Diese Zweiteilung ermöglicht zudem eine Trennung der Wirkungsabschätzung. Diese wird für die statischen Umfänge in Sphera LCA for Experts (ehemals GaBi) durchgeführt. Die auslegungsabhängigen Umfänge können folgend in MATLAB berechnet werden.

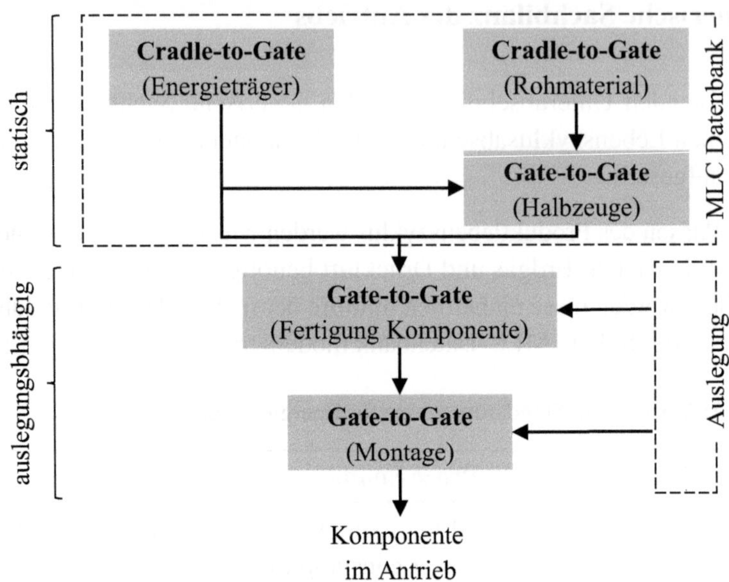

Abbildung 4.2: Ansatz zur Aufstellung der auslegungsabhängigen Sachbilanz

4.2.1 Herstellung des Getriebes

Gegenstand der Sachbilanz des Getriebes sind der Radsatz als leistungsführende Komponente und das Gehäuse (siehe Unterabschnitt 4.2.4). Die Herstellung des Radsatzes erfolgt mittels zerspanender Verfahren aus dem Vergütungsstahl 20MoCr4. Die Teilbilanz des Radsatzes wird auf die Masse des im Antrieb verbauten Radsatzes bezogen mit einer funktionellen Einheit von 1 kg.

In der Ökobilanz wird für die Herstellung des Halbzeugs der Prozess „DE: Steel billet (20MoCr4)“ einer Elektrolichtbogenroute zur Stahlherstellung verwendet. Die spanende Bearbeitung wird mit dem Prozess „GLO: Steel high-alloyed machining“ abgebildet.

4.2.2 Herstellung der E-Maschine

Für die Herstellung der E-Maschine werden drei Teilbilanzen über die Wicklung, die Blechpakete und die Permanentmagnete aufgestellt. Im Fall der Blechpakete und der Permanentmagnete ist eine lineare Skalierung der Sachbilanz unzureichend. Stattdessen erfolgt die Skalierung über auslegungsabhängige Verschnitte und chemische Zusammensetzungen.

Wicklung

Bei der Wicklung der E-Maschine handelt es sich um eine sogenannte Hairpinwicklung aus rechteckigen Formstäben, die in den Stator eingeschoben und anschließend verschweißt werden. Die einzelnen Hairpins bestehen aus Kupfer als elektrischer Leiter und sind mit Polyetheretherketon (PEEK) zwecks elektrischer Isolation beschichtet.

Die Modellierung der Drahtherstellung mit den Flüssen aus Abbildung 4.3 basiert auf Primärdaten. Für den Rohstoffeinsatz von Kupfer und PEEK werden die Prozesse „GLO: Copper mix (99,999% from electrolysis)“ und „DE: Polyetherether ketone granulate (PEEK)“ aus der MLC-Datenbank genutzt. Das Nutisolationspapier fällt aufgrund seiner geringen Masse und Umweltauswirkungen unter das Abschneidekriterium.

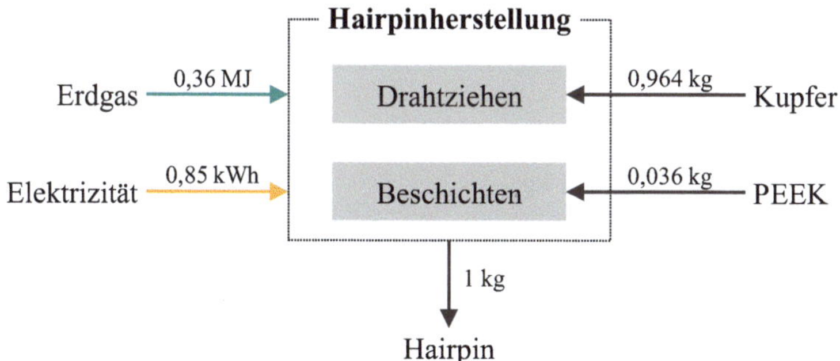

Abbildung 4.3: Flüsse der Sachbilanz der Hairpinherstellung

Blechpaket

Die Sachbilanz des Blechpakets wird maßgeblich durch die verwendete Legierung, das Walzen und den Trennprozess der einzelnen Blechlamellen aus dem Coil bestimmt. Die folgenden Untersuchungen beschränken sich auf die Legierung eines nicht-kornorientierten Elektroblechs mit einer Dicke von 0,2 mm. Dieses besteht aus 96% Eisen, 3% Silizium und 1% Aluminium. Die Herstellung des Elektroblechs beginnt mit der Herstellung eines Stahlblechs über die Hochofenroute mit einem Schrottgehalt von 20%. Zur Modellierung dieses Abschnitts der Wertschöpfung kommt der Prozess „DE: Steel hot rolled coil (EN15804 A1-A3)" der MLC-Datenbank zum Einsatz, wobei die zugesetzten Legierungselemente über entsprechende Flüsse berücksichtigt werden.

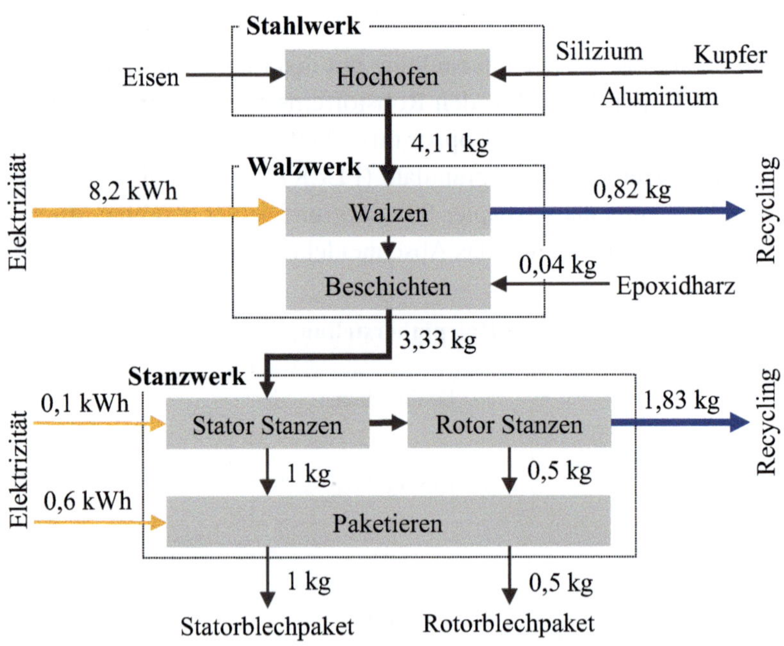

Abbildung 4.4: Flüsse der Sachbilanz der Elektroblechherstellung

Die Weiterverarbeitung im Walzwerk auf die gewünschte Blechdicke wird mithilfe von Primärdaten modelliert. Zum Walzen von 1 kg des dickeren Stahlblechs werden 1,95 kWh elektrische Energie benötigt. Zudem tritt beim Walzen ein Materialausschuss von 20% auf, welcher direkt in die Hochofenroute der Stahlherstellung zurückgeführt wird. Abschließend erfolgt im Walzwerk auch die Beschichtung des Blechs mit Backlack, der hier als Epoxid modelliert wird.

Die abschließende Verarbeitung des Elektroblechs zu einem Blechpaket erfolgt im Stanzwerk, für dessen Sachbilanz ebenfalls Primärdaten genutzt werden. Der Elektrizitätsbedarf für ein Kilogramm Blech liegt für das Stanzen bei 0,1 kWh und für das Paketieren bzw. Aushärten des Backlacks im Ofen bei 0,4 kWh. Um den Verschnitt beim Stanzen zu reduzieren, wird der Rotor aus dem Innern des Stators gestanzt. Dadurch ergeben sich zwei Flüsse, welche beide in das Produktsystem der Antriebseinheit münden. Die Verschnitte können nicht in die Stahlherstellung im Hochofen zurückgeführt werden, da hier nur 20% Schrotte eingesetzt werden. Somit verlässt der Fluss die Bilanzhülle und die Bilanzierung des Recyclings der Verschnitte erfolgt analog zum Recycling von Stahl zum Lebenszyklusende (siehe Unterabschnitt 4.2.6).

Auslegungsabhängig wird für das Stanzen die Verschnittrate v_{Stanzen} ermittelt. Bezüglich der Positionierung des Bauteils auf dem Coil liegt die Annahme zugrunde, dass einreihig gestanzt wird, der Abstand zwischen Bauteilen 2 mm beträgt und der Abstand zum Rand des Coils 2 cm:

$$v_{\text{Stanzen}} = 1 - \frac{A_{\text{Fe,Sta}} + A_{\text{Fe,Rot}}}{(d_{\text{st,a}} + 0{,}02\,\text{m})(d_{\text{st,a}} + 0{,}002\,\text{m})} \qquad \text{Gl. 4.1}$$

mit

$d_{\text{st,a}}$	Statoraußendurchmesser
$A_{\text{Fe,Sta}}$	Fläche einer Statorlamelle
$A_{\text{Fe,Rot}}$	Fläche einer Rotorlamelle

Die Verschnittrate liegt typischerweise im Bereich von 40% bis 60%. Der Darstellung der Flüsse in der Blechpaketherstellung in Abbildung 4.4 liegt eine Verschnittrate von 55% zugrunde.

Permanentmagnete

Für die Sachbilanz der Permanentmagnete werden ausschließlich gesinterte NdFeB-Magnete betrachtet. Da die Gewinnung und Aufbereitung der Rohmaterialien sowie Herstellung dieser Magnete bei 92% des Weltmarktvolumens in China [85] erfolgt, wird die Sachbilanz spezifisch für eine chinesische Magnetherstellung erstellt. Dementsprechend werden die Prozesse der Energieträger aus Tabelle 4.1 durch die jeweilige chinesische Lokalisierung ersetzt („CN: Electricity grid mix"). Die Wertschöpfungskette des Magneten ist im Folgenden geteilt in die statisch zu modellierende Rohstoffgewinnung und die auslegungsabhängige Magnetherstellung.

In der Sachbilanz der Rohstoffgewinnung ist für die darin enthaltenen seltenen Erden eine Preisallokation zu verwenden. Ursache ist, dass für die Magnetherstellung seltene Erden in einem Mischprozess gemeinsam mit anderen seltenen Erden gewonnen werden, die in anderen Produktsystemen zum Einsatz kommen. Für die Gewinnung und Trennung der Seltenerdoxide muss ein vergleichbarer Aufwand betrieben werden bei stark abweichenden Marktpreisen [60]. Zur Darstellung des Einflusses der Allokation ist im Balkendiagramm 4.5 das Treibhauspotenzial der Seltenerdoxide bei Abbau in der Bayan Obo Mine nach Marx *et al.* [60] ohne Allokation und mit ökonomischer Allokation dargestellt. Im linken Balken ist das Treibhauspotenzial ohne Allokation aller Seltenerdoxide mit einem Wert von $21{,}2\,\mathrm{kg\,CO_2äq\,kg^{-1}}$ aufgetragen, daneben für die einzelnen ökonomisch allokierten Seltenerdoxide. Insbesondere die für Permanentmagnete relevanten seltenen Erden weisen mit Allokation deutlich höhere Umweltauswirkungen auf. Für die ökonomische Allokation werden über drei Jahre gemittelte Preise der Seltenerdoxide verwendet (siehe Tabelle A.1).

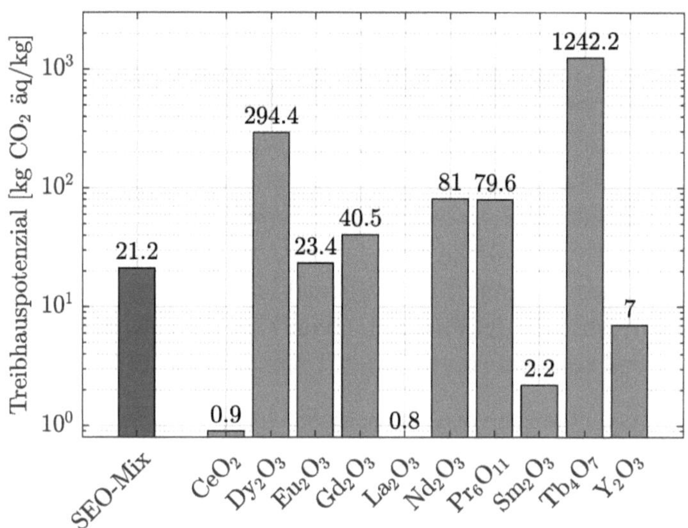

Abbildung 4.5: Einfluss der Preisallokation auf das Treibhauspotenzial der Seltenerdoxide der Mine Bayan Obo

Entsprechende Datensätze mit Preisallokation für die seltenen Erden und ohne Allokation für die weiteren Materialien werden der Sphera MLC-Datenbank und für Bor ecoinvent 3.8 entnommen und sind in Tabelle 4.2 aufgeführt.

Tabelle 4.2: Datenbankprozesse für die Sachbilanz der Permanentmagnete

Material	Prozessname
Eisen	GLO: Stahlprofile worldsteel
Neodym	CN: Neodymium
Dysprosium	CN: Dysprosium (price allocated)
Terbium	CN: Terbium oxide
Bor	GLO: boric oxide production (ecoinvent 3.8)

Für die Sachbilanz der Magnetherstellung wurden Primärdaten über die Prozesse einer chinesischen Magnetfabrik erfasst und bereits zuvor publiziert [56]. Die Flüsse der Magnetfabrik sind in Abbildung 4.6 dargestellt. Seitens der Mine werden die erforderlichen Metalle auslegungsabhängig in variablen Massenanteilen bereitgestellt. Der Prozess der Produktion umfasst den gesamten Herstellungsprozess der Magnete vom Strip-Casting bis zur Oberflächenbeschichtung der Magnete. Aufgrund der Verschnittraten von 30% in der Produktion wird auch das fabrikinterne Recycling von seltenen Erden mit einer Recyclingrate von 80% berücksichtigt. Diese Verschnittraten und der Stromverbrauch der Produktion von 12,5 kWh aus den erhobenen Primärdaten sind kohärent zu vorherigen Untersuchungen [49, 99].

In vorherigen Ökobilanzen von E-Maschinen wurde vernachlässigt, dass die chemische Zusammensetzung der Permanentmagnete durch die Auslegung der E-Maschine und die Anforderungen an ihre Grenzbetriebsbedingungen

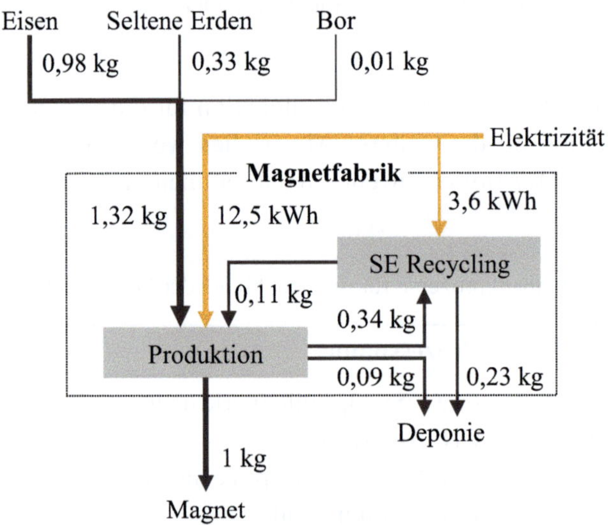

Abbildung 4.6: Flüsse der Sachbilanz der Magnetfabrik

bestimmt wird. Insbesondere der Anteil der schweren seltenen Erden im Magnet muss korrekt erfasst werden, da dieser hohe spezifische Umweltauswirkungen aufgrund der Preisallokation in sich trägt (siehe Abbildung 4.5). Dadurch variieren die Umweltauswirkungen von Permanentmagneten um ±65 % in Abhängigkeit der chemischen Zusammensetzung [57]. Zur Bestimmung der chemischen Zusammensetzung auf Basis der magnetischen Eigenschaften, deren Vorgabe in der elektromagnetischen Auslegung erfolgt, wurden die zwei Kennfelder der Abbildung 4.7 für den Dysprosium- und Terbiumgehalt in Abhängigkeit der Remanenzflussdichte und der Koerzitivfeldstärke ermittelt. Als Datengrundlage dienen chemische Analysen von acht verschiedenen Magnetgüten und Herstellerangaben.

Die restliche chemische Zusammensetzung ergibt sich aus der chemischen Struktur von NdFeB, wobei es sich um eine kristalline Struktur aus einer seltenen Erde R in Verbindung mit Eisen und Bor handelt ($R_2Fe_{14}B$).

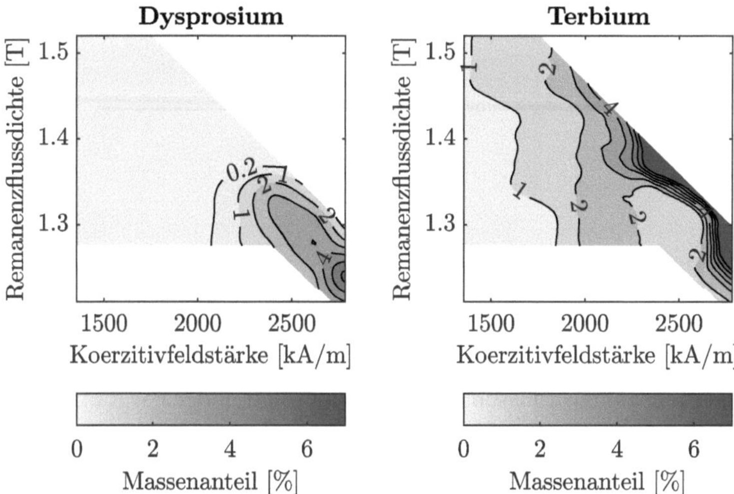

Abbildung 4.7: Massenanteil von Dysprosium und Terbium in NdFeB-Magneten in Abhängigkeit der magnetischen Eigenschaften

Bei der Zugabe von schweren seltenen Erden werden sowohl Neodymatome in der kristallinen Struktur durch schwere seltene Erden ersetzt, als auch schwere seltene Erden zwischen die Korngrenzen der Kristallstruktur diffundiert. So ist der Massenanteil der seltenen Erden insgesamt höher als es die kristalline Zusammensetzung vorgibt. Aufbauend auf der chemischen Analyse wird die folgende Grundzusammensetzung aus Tabelle 4.3 für die Sachbilanz verwendet. Aufgrund der geringen Massenanteile werden die Sinteradditive Aluminium, Kobalt und Kupfer entsprechend des Abschneidekriteriums vernachlässigt.

Tabelle 4.3: Chemische Grundzusammensetzung der Permanentmagnete

Element	Massenanteil	Vernachlässigt
Eisen	66%	
seltene Erden	31%	
Bor	1%	
Aluminium	0-1%	x
Kobalt	0-1%	x
Kupfer	0-1%	x

4.2.3 Herstellung des Pulswechselrichters

Für die Sachbilanz der Pulswechselrichterherstellung stehen das Leistungsmodul und der Zwischenkreiskondensator als leistungsführende Bauteile im Fokus. Darüber hinaus müssen auch die Leiterplatten der PWR erfasst werden, da deren Größe je nach Auslegung des Leistungsmoduls unterschiedlich ausfällt. Darüber hinaus werden auch die Stromschienen innerhalb des PWR berücksichtigt, welche als gestanzte Kupferbleche ausgeführt sind. Auf die Bilanzierung der passiven Komponenten jenseits des Zwischenkreiskondensators wird verzichtet, da diese Bauteile im Rahmen der Antriebsauslegung nicht variiert werden.

Leistungsmodul

Das Leistungsmodul des Pulswechselrichters besteht aus den SiC-Chips, einer Keramikplatte und Kupferblechen zur elektrischen Verbindung, sowie Epoxidharz zum Verguss der Komponenten. Die Wertschöpfungskette des Leistungsmoduls mit allen vier Teilkomponenten ist in Abbildung 4.8 dargestellt.

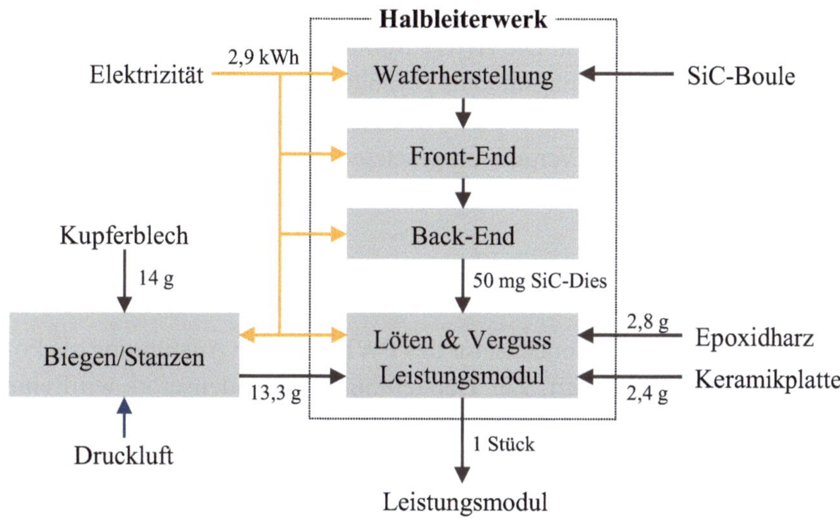

Abbildung 4.8: Flüsse der Sachbilanz eines SiC-Leistungsmoduls

Für die Sachbilanz der Herstellung von SiC-Wafern existiert kein passender Datensatz in der MLC-Datenbank. Daher wird der vorhandene Prozess zur Herstellung von Si-Wafern „DE: Wafer supply IC (prod. monokryst. Silizium (Czochralski-Technik)“ um den erhöhten Energiebedarf der Herstellung von SiC-Wafern nach Warren *et al.* [100] auf 36 071 kWh pro kg SiC-Chip korrigiert. Für die Herstellung der Leiterbahnen im Wafer (Front-End Processing) wurde der gravimetrische Energiebedarf nach Warren *et al.* in Höhe von 21 696 kWh pro kg SiC-Chip mit Primärdaten einer Front-End Fab validiert. Der Energiebedarf der Trennung der Chips aus dem Wafer (Back-End

Processing) ist gegenüber den vorherigen Energiebedarfe vernachlässigbar klein und fällt unter das Abschneidekriterium.

Die weiteren Teile des Leistungsmoduls können mithilfe von Prozessen aus der MLC-Datenbank abgedeckt werden: Für die Halbzeugherstellung aus Kupferblech bestehenden elektrischen Leiter des Leistungsmodul kommt der Datensatz „RER: Copper sheet (A1-A3)“ zum Einsatz. Die Blechverarbeitung wird mithilfe des Prozesses „GLO: Steel sheet stamping and bending (5% loss)“ erfasst, da kein spezifischer Datensatz für die Verarbeitung von Kupferblech verfügbar ist. Die Al_2O_3-Keramikschicht, welche zur elektrischen Isolation des Leistungsmoduls gegenüber dem Kühler dient, wird mit dem Datensatz „RER: Ceramic part (Al2O3); milling, spray-drying, burning“ abgebildet. Das für den Verguss eingesetzte Epoxidharz wird mittels „DE: Epoxy Resin (EP) Mix“ erfasst.

Zwischenkreiskondensator

Für den Zwischenkreiskondensator des PWR wird die Ausführung als Folienkondensator bilanziert. Zur Herstellung des Kondensators wird eine Polypropylenfolie (PP) mit Aluminium metallisiert und anschließend aufgewickelt. Die elektrische Kontaktierung der Kondensatorwickel erfolgt mittels Zink (Schoopieren genannt). Im Rahmen der Sachbilanz wird für die PP-Folie auf den Prozess „RER: Polypropylene film (PP)“ zurückgegriffen. Der Energiebedarf der Herstellung beträgt 1,13 kWh pro kg (siehe auch Abbildung 4.9).

Um die im PWR erforderliche elektrische Kapazität zu erreichen, werden mehrere Kondensatoren parallel verschaltet. Dazu kommen gestanzte Kupferbleche zum Einsatz, deren Herstellung analog zu den Kupferblechen des Leistungsmoduls in der Sachbilanz erfasst wird. Analog zum Leistungsmodul erfolgt auch die Bilanzierung des Gehäuses, welches mittels Epoxidharz in einem Vergussprozess hergestellt wird.

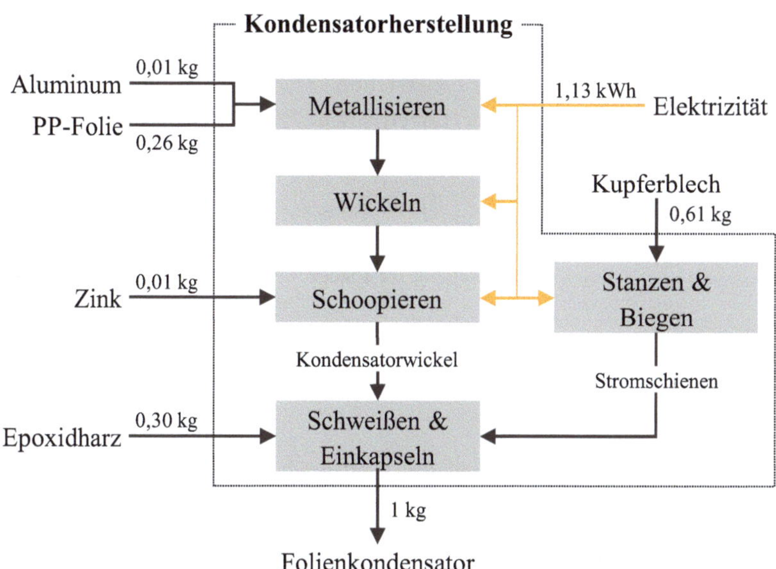

Abbildung 4.9: Flüsse der Sachbilanz des Folienkondensators

Leiterplatten

Im PWR befindet sich eine Leiterplatte zur Signalverarbeitung (Control-Board), sowie eine Leiterplatte zur Ansteuerung der Leistungsmodule (Driver-Board). Während das Driver-Board auslegungsabhängig dimensioniert ist, erfolgt keine Veränderung des Control-Boards.

Da sich beide Leiterplatten nur durch ihre Bestückung unterscheiden, werden sie mit der gleichen Methodik in der Sachbilanz abgebildet. Für die Herstellung der Leiterplatten werden die Prozesse „Printed Wiring Board 4-layer rigid FR4 with HASL finish (Subtractive method)“ und „Printed Wiring Board 8-layer rigid FR4 with HASL finish (Subtractive method)“ genutzt, in denen Glasfaserprepergs und Kupfer verarbeitet werden. Die Sachbilanz der Bestückung beruht auf der Stückliste eines in Serienproduktion befindlichen SiC-Umrichters für Pkw.

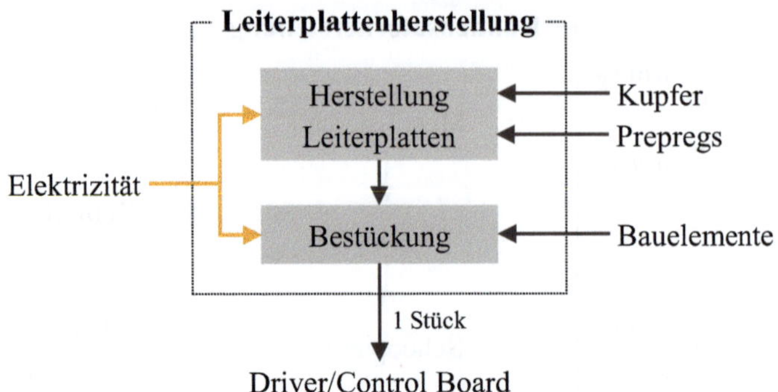

Abbildung 4.10: Flüsse der Sachbilanz der Leiterplatten

4.2.4 Herstellung des Antriebsgehäuses

Im Rahmen der Endmontage des Antriebs werden das Getriebe, die E-Maschine und der PWR in einem Antriebsgehäuse zusammengefügt. Die Masse des Antriebsgehäuses muss folglich in Abhängigkeit der geometrischen Dimensionen der Antriebskomponenten angepasst werden. Das Antriebsgehäuse wird aus einer AlSi7Mg Legierung im Druckgussverfahren hergestellt. Entsprechend werden die Prozesse „RER: Aluminium alloy ingot (AlSi7Mg) primary“ und „DE: Aluminium die cast part“ verwendet. In der gesamten Ökoblianz erfolgt eine Aufteilung für die Anteile des Gehäuses für PWR, E-Maschine und Getriebe.

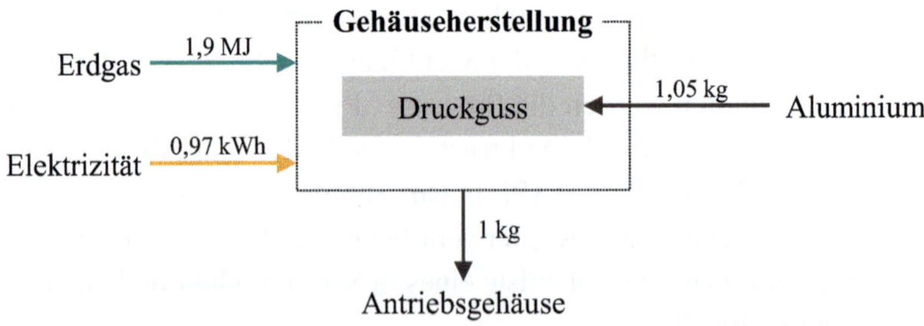

Abbildung 4.11: Flüsse der Sachbilanz zur Herstellung des Antriebsgehäuses

4.2.5 Nutzungsphase des Antriebs

Für die Nutzungsphase des elektrischen Antriebs wird die Annahme getroffen, dass kein Ersatz von Betriebsmitteln und Bauteilen über die Nutzungsphase erforderlich ist. Ferner gelten die Annahmen über die Lebensdauer des Antriebs aus Abschnitt 4.1 (273 372 km und 21,8 Jahre). Somit fällt während der Nutzungsphase lediglich die Verlustleistung bei der Energiewandlung im Antrieb an. Diese Verlustleistung trägt zum Energieverbrauch des Fahrzeugs bei und muss durch das Stromnetz gedeckt werden. Dafür wird eine Stromversorgung durch den europäischen Strommix angenommen.

Aufgrund der erwarteten Lebensdauer des Fahrzeugs wird auf eine Prognose zur zukünftigen Entwicklung des Strommix zurückgegriffen, welche auf den Beschlüssen der Vereinten Nationen zur nachhaltigen Entwicklung [94] und dem Pariser Klimaabkommen [93] basiert. Entsprechende Datensätze sind dafür in der MLC-Datenbank unter dem Szenario „Sustainable development SDS“ zu finden. Mithilfe einer linearen Interpolation zwischen den einzelnen Datenpunkten kann entsprechend Abbildung 4.12 ein durchschnittlicher Strommix für die Nutzungsphase in Abhängigkeit des Produktionsjahres

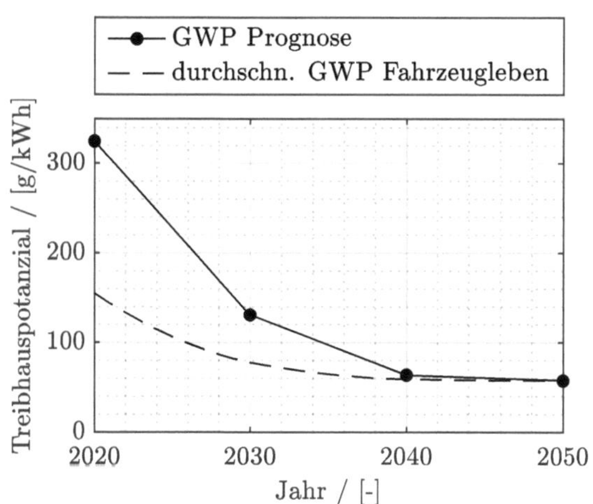

Abbildung 4.12: Prognose des Treibhauspotenzials des europäischen Strommix

des Fahrzeugs ermittelt werden. Im Szenario einer Fahrzeugnutzung mit Grünstrom im Abschnitt 6.3 wird der Datensatz „RER: Green electricity grid mix (average power plants) (production mix)“ genutzt. Die Berechnung des Stromverbrauchs erfolgt auf Basis des Worldwide harmonized Light vehicles Test Cycle (WLTC) mithilfe der Berechnungsmethode aus Abschnitt 5.4.

4.2.6 Lebenszyklusende des Antriebs

Zum heutigen Zeitpunkt bestehen keine industrialisierten Prozesse und regulative Vorgaben zur Verwertung von elektrischen Antrieben aus Altfahrzeugen [43]. Daher wird für das Lebenszyklusende des Antriebs angenommen, dass dieser analog zu einem Fahrzeug mit Verbrennungsmotor geschreddert wird. Das Schreddergut wird anschließend in eine stahlhaltige Fraktion, die einzelnen Nichteisenmetalle und die Schredderleichtfraktion getrennt. Daten über die Altfahrzeugverwertung von Andersson *et al.* zeigen, dass geringe Konzentrationen von Edelmetallen aus Altfahrzeugen nicht zurückgewonnen werden [2]. Für die folgende Verarbeitung wird daher angenommen, dass

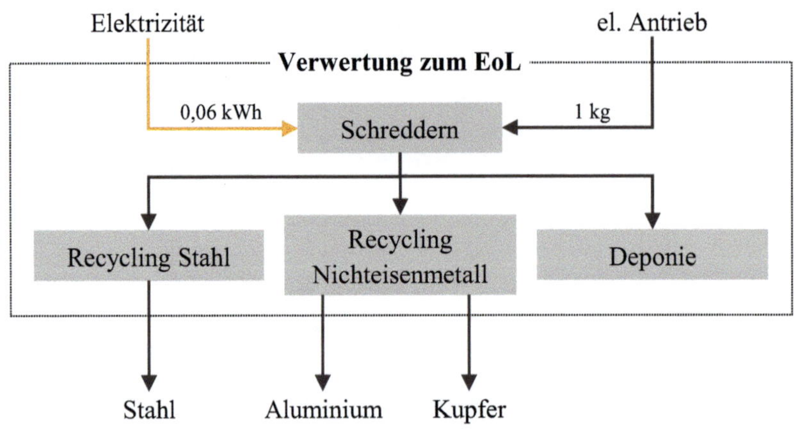

Abbildung 4.13: Flüsse der Sachbilanz am Lebenszyklusende

Aluminium, Kupfer und Stahl recycelt werden können, weitere Metalle und Kunststoffe werden getrennt und deponiert.

Entsprechend der Bauteilmassen von Aluminium, Kupfer und Stahl werden Gutschriften für das Recycling dieser Materialien ermittelt. Für die Aufteilung der Aufwände des Recyclings und der Gutschrift zwischen dem betrachteten Produktsystem und folgenden Produktsystemen, welche das entstandene Rezyklat einsetzen, wird die Circular Footprint Formula (kurz CFF, Gl. 2.1) verwendet. Die Wahl der Parameter der CFF basiert auf Standardwerten nach Annex C des PEF Reference Packages [50] und ist in Tabelle 4.4 dokumentiert. Da zur Herstellung der Antriebskomponenten in der Sachbilanz keine Sekundärmaterialien angesetzt werden, beträgt der Rezyklatgehalt $R_1 = 0$.

Tabelle 4.4: Parametrierung der Circular Footprint Formula

	Allokation A	**Rezyklatgehalt** R_1	**Recyclingquote** R_2
Aluminium	0,2	0	0,9
Kupfer	0,2	0	0,8
Stahl	0,2	0	0,85

Da die Herstellung ohne den Einsatz von Rezyklaten bilanziert wird, vereinfacht sich Gl. 2.1 zur Berechnung der Umweltauswirkungen wie folgt:

$$E = E_\mathrm{V} + (1-A)R_2\left(E_\mathrm{recycling,EoL} - E_\mathrm{V}^{*}\frac{Q_\mathrm{S,out}}{Q_\mathrm{P}}\right) \qquad \text{Gl. 4.2}$$

Zur Bestimmung der Gutschrift E_V^{*} muss ein Primärmaterial festgelegt werden, welches durch das Rezyklat ersetzt wird. Dabei wird die Annahme getroffen, dass die zugesetzten Legierungselemente nicht zurückgewonnen werden, sodass mit $Q_\mathrm{S,out}/Q_\mathrm{P} = 1$ kein Qualitätsverlust des Materials berücksichtigt wird. Für die Modellierung der ersetzten Primärmaterialien werden die in Tabelle 4.5 genannten Prozesse der MLC-Datenbank verwendet. Darüber hinaus muss auch der Aufwand $E_\mathrm{recycling,EoL}$ zur Rückgewinnung eines neuwertigen Materials durch Recycling berücksichtigt werden, wofür ebenfalls Prozesse aus der MLC-Datenbank herangezogen werden. Zusätzlich entstehen für alle Flüsse am Lebenszyklusende Aufwände durch das Schreddern des Antriebs.

Nicht recycelte Materialien werden nach dem Schreddern deponiert und mithilfe der entsprechenden Prozesse aus Tabelle 4.5 modelliert. Dies umfasst unter anderem die eingesetzten Kunststoffe, Halbleiter und Permanentmagnete.

Tabelle 4.5: Verwendete Prozesse der MLC-Datenbank für das EoL

	Verwendung	**MLC Prozessname**
Schreddern	Aufwand	DE: Car shredder
Aluminium	Gutschrift	RER: Aluminium ingot mix
	Aufwand	DE: Aluminium ingot (AlSi7Mg) sec.
Kupfer	Gutschrift	GLO: Copper mix (99.999% from el.)
	Aufwand	DE: Copper scraps TECU ECO Classic
Stahl	Gutschrift	DE: BF Steel billet / slab / bloom
	Aufwand	DE: EAF Steel billet / slab / bloom
Deponierung	Aufwand	RER: Ferro metals on landfill
		RER: Plastic waste on landfill

4.3 Wirkungsabschätzung

In den abschließenden Untersuchungen von Kapitel 6 werden die Ergebnisse der Wirkungsabschätzung nur in aggregierter Form durch den EII dargestellt. Daher werden im Folgenden die Ergebnisse von Wirkungsabschätzungen für die generischen Sachbilanzen von Aktivteilen und eines exemplarischen Antriebs dargestellt.

4.3.1 Wirkungsabschätzung der Aktivteilherstellung

In Abschnitt 4.2 wurden generische Sachbilanzen aufgestellt. Auf Basis dieser Sachbilanzen erfolgt nun die Berechnung und Darstellung der Umweltauswirkungen für eine funktionelle Einheit der Aktivteile von E-Maschine und PWR (siehe Abbildung 4.14).

Aufgrund der geringen verbauten Masse von SiC-Chips im elektrischen Antrieb erfolgt die Bilanzierung hier abweichend zu den anderen Aktivteilen für ein Gramm. Betrachtungsgegenstand sind SiC-Chips mit einer Sperrspannung von 1200 V, sodass eine Masse von 1 g einer Chipfläche von 1775 mm^2 entspricht. Die Herstellung dieser Masse SiC-Chips erzeugt Emissionen mit einem Treibhauspotenzial von 33,8 kg CO_2äq, welches hauptsächlich durch die Stromerzeugung für die Herstellung entsteht.

Für die weiteren betrachteten Aktivteile beträgt die funktionelle Einheit ein Kilogramm. Im Fall des Zwischenkreiskondensators entspricht eine Bauteilmasse von 1 kg einer elektrischen Kapazität von 0,8872 mF. Im Vergleich mit den Umweltauswirkungen des SiC-Chips trägt das Treibhauspotenzial

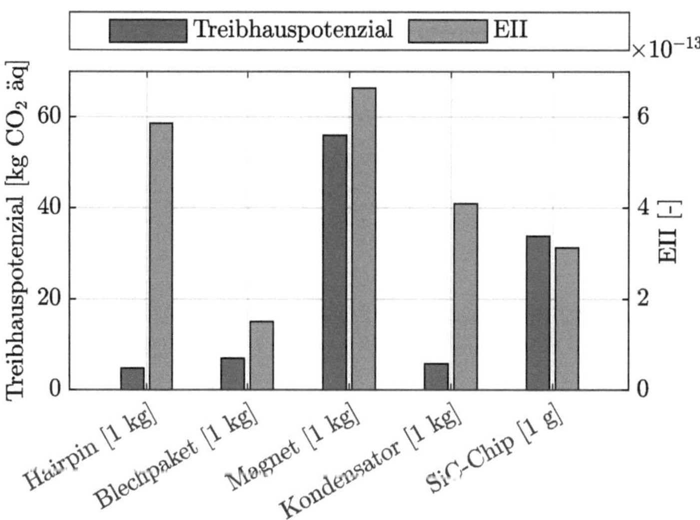

Abbildung 4.14: Generische Wirkungsabschätzung für Aktivteile des Antriebs

zu geringerem Anteil zum EII des Zwischenkreiskondensators bei. Ursache dafür ist der Einsatz von Kupfer für Stromschienen zur Verbindung einzelner Kondensatorwickel, wodurch die Umweltauswirkung des mineralischen Ressourcenverbrauchs stark erhöht wird. Dies gilt ebenfalls für die Umweltauswirkungen der Hairpinherstellung.

Für das Blechpaket umfassen die im Balkendiagramm 4.14 dargestellten Umweltauswirkungen das Stator- und Rotorblechpaket, wobei die Lamellen des Rotorblechpakets aus dem Innern des Statorblechpakets gestanzt werden. Aus einem gesamten Verschnitt von 49,8 % ergibt sich ein Treibhauspotenzial von 6,96 kg CO_2äq für die Herstellung von 1 kg Blechpaket.

Für das Diagramm 4.14 ist ein Magnet der Güte N52TH Bilanzgegenstand. Die Umweltauswirkungen von Permanentmagneten sind jedoch stark abhängig von ihrer chemischen Zusammensetzung, sodass das Treibhauspotenzial zwischen 39 und 248 kg CO_2äq kg^{-1} betragen kann. Daher sind in Abbildung 4.15 das Treibhauspotenzial nach PEF und der EII für verschiedene Magnetgüten dargestellt.

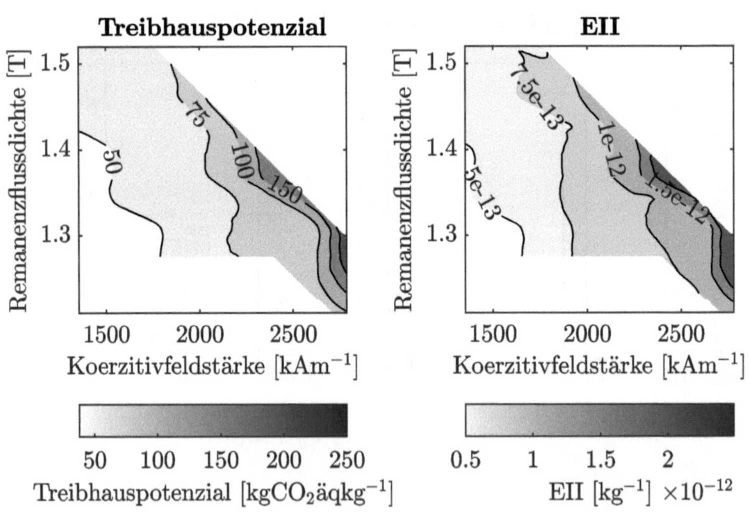

Abbildung 4.15: Wirkungsabschätzung für Magnete verschiedener Güten

4.3.2 Exemplarisch bilanzierter Antrieb

Zur Bildung von Wirkungsindikatorwerten im Rahmen der Wirkungsabschätzung ist eine vollständige Sachbilanz erforderlich, welche über die generische Beschreibung der Prozesse zur Herstellung, Nutzung und Verwertung hinaus geht. Exemplarisch wird dafür ein elektrischer Antrieb herangezogen, der für den Einsatz in einer Sportlimousine der Oberklasse mit den Eigenschaften aus Tabelle 5.3 bestimmt ist. Der Antrieb verfügt über ein Achsdrehmoment von 6073,5 Nm und eine maximale Leistung von 384,6 kW. Der Energieverbrauch der Antriebseinheit im WLTC liegt bei 17,7 $\mathrm{Wh\,km^{-1}}$. Die Bauteilmassen des Antriebs sind in Tabelle 4.6 aufgeführt.

Tabelle 4.6: Bauteilmassen des exemplarischen Antriebs

Subsystem	Bauteil	Masse
Getriebe	Radsatz	17,2 kg
	Gehäuse	10,0 kg
E-Maschine	Wicklung	3,94 kg
	Blechpaket	25,3 kg
	Magnete	2,59 kg
	Gehäuse	9,26 kg
PWR	SiC-Chips	13,5 g
	Kondensator	3,18 kg
	Gehäuse	8,71 kg

4.3.3 Umweltauswirkungen des Antriebs

Die Werte der 16 Wirkungsindikatoren des PEF 3.1 für den exemplarischen Antrieb, sowie die Anteile von Herstellung, Nutzung und Lebenszyklusende an den Wirkungsindikatorwerten sind im Balkendiagramm 4.16 dargestellt.

Gutschriften werden zum Lebenszyklusende erteilt und sind als negativer Anteil am Wirkungsindikatorwert dargestellt.

Zu den Wirkungsindikatorwerten tragen Herstellung und Nutzung überwiegend in der gleichen Größenordnung bei. Ausnahmen davon bilden die Eutrophierung von Süßwasser (EU-FW), die Freisetzung von ionisierender Strahlung (IR) und Landnutzung (LU), bei denen der Wirkungsindikatorwert mehrheitlich auf die Nutzungsphase zurückzuführen ist. Entgegengesetzt verhält sich die Nutzung von metallischen und mineralischen Ressourcen (RM), welche zu 145,7 % aus der Herstellungsphase stammen und eine überdurchschnittliche Gutschrift von −52,7 % zum Lebenszyklusende erhalten.

4.3.4 Normierung und Gewichtung zum EII

Zur weiteren Interpretation der Wirkungsindikatorwerte werden diese zu einer einzelnen Größe in Form des EII durch Normierung und Gewichtung zusammengeführt. Dazu werden die Wirkungsindikatorwerte mit den globalen Umweltauswirkungen normiert und nach den Faktoren des PEF 3.1 gewichtet (siehe Abschnitt 2.2.4). In Summe beträgt der EII der Antriebseinheit $1{,}5797 \cdot 10^{-11}$.

Die Anteile der einzelnen Wirkungsindikatoren und Lebenszyklusphasen sind in Abbildung 4.17 dargestellt. Die drei Indikatoren Treibhauspotenzial, fossile Ressourcennutzung und metallische/mineralische Ressourcennutzung tragen zu 69,4 % des EII bei. Dies ist einerseits durch die verhältnismäßig hohe Ressourcennutzung zu begründen, andererseits durch die überdurchschnittlich hohe Gewichtung des Treibhauspotenzials mit 21,1 %.

Durch die Bildung des EII lassen sich die Beiträge der einzelnen Subsysteme zur Umweltauswirkung des Antriebs bestimmen (siehe Abbildung 4.18). Auf die E-Maschine ist mit 63,7 % der größte Anteil des EII zurückzuführen. Auf den PWR entfallen 25,7 % und auf das Getriebe 10,6 %.

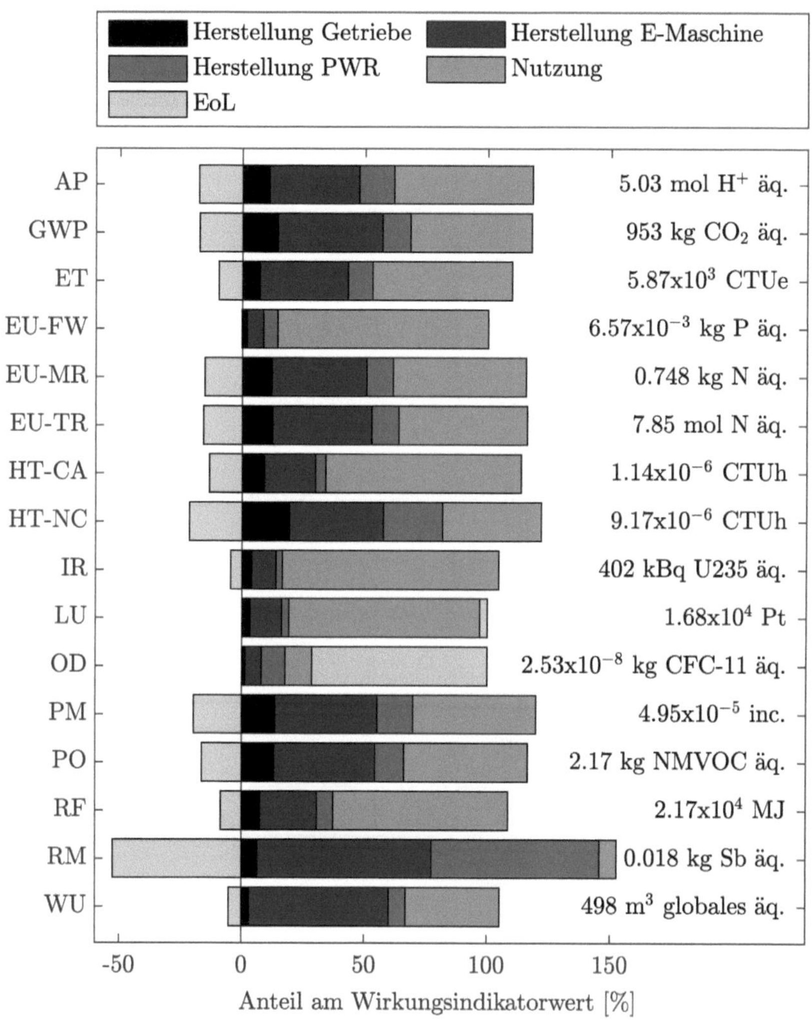

Abbildung 4.16: Wirkungsindikatorwerte für den exemplarischen Antrieb

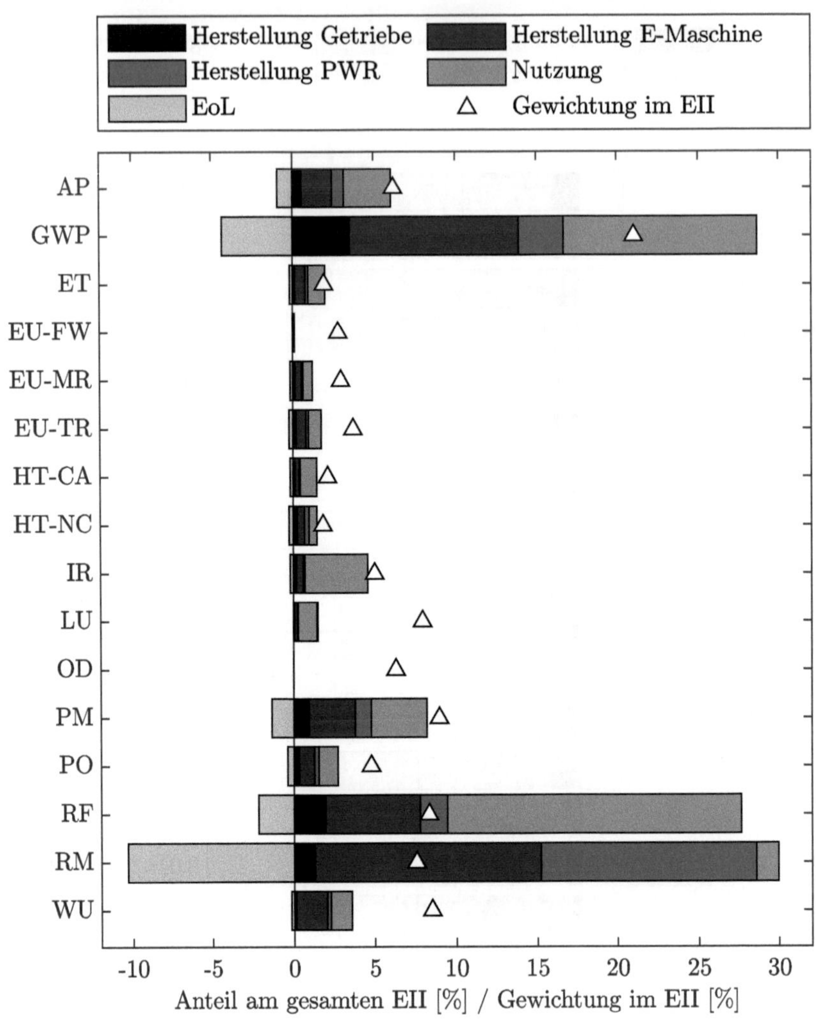

Abbildung 4.17: Beiträge zum EII aus den Wirkungskategorien

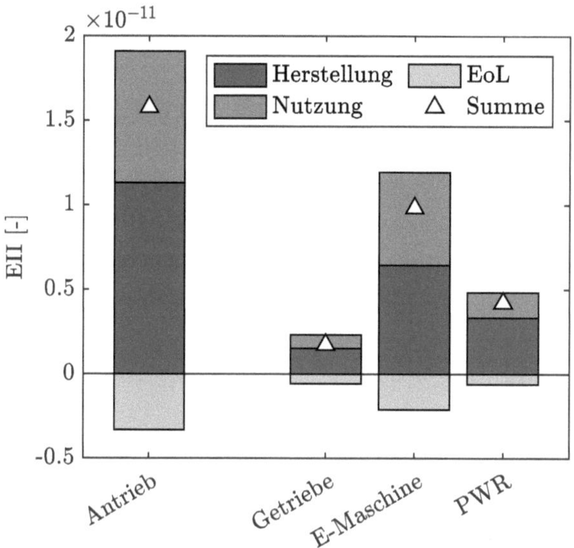

Abbildung 4.18: Wirkungsabschätzung anhand des EII für einen exemplarischen Antrieb

4.4 Auswertung

Ausgehend von der Wirkungsabschätzung und den Werten für Wirkungsindikatoren und den EII folgt in diesem Abschnitt die Auswertung der Ökobilanz des exemplarischen Antriebs mithilfe einer Hotspotanalyse. Weitere Analysen der Ökobilanz erfolgen durch die Mehrzieloptimierung im Kapitel 6.

Ziel der Hotspotanalyse ist die Identifikation von Bauteilen und Parametern, welche die Umweltauswirkungen des Antriebs maßgeblich bestimmen. So geht aus der Betrachtung des EII im Gesamtsystem in Abbildung 4.18 bereits hervor, dass 49,3 % des EII in der Nutzungsphase verursacht werden. Da in der Nutzungsphase nur die Umweltauswirkungen durch die Stromerzeugung für die Verlustleistung der Antriebseinheit anfallen, stellen der Verbrauch im WLTC und der verwendete Strommix zwei wesentliche Parameter für die Reduzierung des EII dar.

Weitere 71,5 % des EII des Antriebs werden durch die Herstellung verursacht, wobei am Lebenszyklusende durch das Recycling von Komponenten eine Gutschrift von −20,9 % anfällt. Zur Identifikation der Hotspots unter den Bauteilen des elektrischen Antriebs sind in Tabelle 4.7 die Positionen mit den zehn größten Beiträgen zum EII des Antriebs aufgeführt, wobei diese nicht mit Gutschriften aus dem EoL verrechnet wurden.

Tabelle 4.7: Positionen der LCA mit den zehn größten Beiträgen zum EII des Antriebs

Phase	Position	Anteil EII[1]
Nutzung	E-Maschine	34,8%
Herstellung	Wicklung	15,1%
Herstellung	Magnete	10,9%
Nutzung	PWR	9,5%
Herstellung	Blechpaket	8,7%
Herstellung	DC-Kondensator	8,2%
Herstellung	Gehäuse Getriebe	6,3%
Herstellung	Gehäuse E-Maschine	5,9%
Nutzung	Getriebe	5,0%
Herstellung	Leiterplatten	4,7%

[1] Aufgrund von Gutschriften am Ende des Lebenszyklus übersteigt die Summe der Anteile 100%.

In der Tabelle 4.7 haben die Positionen aus der Herstellung die Gemeinsamkeit, dass sie hohe Werte in den Wirkungskategorien des metallischen und mineralischen Ressourcenbedarfs oder des Treibhauspotenzials haben. Der metallische und mineralische Ressourcenbedarf ist besonders hoch bei Bauteilen, die Kupfer enthalten: der Wicklung, dem DC-Kondensator und den Leiterplatten. Aufgrund der Recyclingquoten von mehr als 80 % (siehe Tabelle 4.4) wird für diese Bauteile eine hohe Gutschrift am Lebenszyklusende ausgestellt. Ein hohes Treibhauspotenzial haben Bauteile mit energieintensiver Materialgewinnung: das Gehäuse mit der Aluminiumgewinnung und die Permanentmagnete mit der Gewinnung von seltenen Erden. Hohe Verschnitte sorgen ebenfalls für Bauteile mit hohem Treibhauspotenzial, wie im Fall des gestanzten Blechpakets. Als weiterer Hotspot ist die Nutzungsphase mit einem hohen Treibhauspotenzial und einem hohen fossilen Ressourcenbedarf für Stromerzeugung hervorzuheben. Auf diese Hotspots aus Herstellung und Nutzung sind die verhältnismäßig hohen Wirkungsindikatorwerte für das Treibhauspotenzial, den fossilen und den mineralisch/metallischen Ressourcenverbrauch des Antriebs aus Abbildung 4.17 zurückzuführen.

Ferner ist hervorzuheben, dass die Herstellung der SiC-Chips für den PWR keinen Hotspot darstellt, da sie aufgrund ihrer geringen Masse einen Anteil von 1,2 % am EII und 2,2 % am Treibhauspotenzial des Antriebs haben.

Zusammenfassend tragen Herstellung und Nutzung in gleicher Größenordnung zu den Umweltauswirkungen des Antriebs bei. Die Herstellung wirkt sich aufgrund der eingesetzten Bauteilmassen und -güten verstärkt auf den mineralischen und metallischen Ressourcenbedarf aus. Die Nutzung wirkt sich hingegen verstärkt auf den fossilen Ressourcenbedarf aus. Ursache dafür ist die Stromerzeugung für die Verlustleistung, die im Antrieb anfällt. Aufgrund der Umweltrelevanz von Herstellung und Nutzung müssen Änderungen am Antrieb zur Reduzierung der Umweltauswirkungen alle Phasen des Produktlebenszyklus berücksichtigen. Dies erfolgt in Kapitel 6 mithilfe einer Mehrzieloptimierung.

5 Methode zur Mehrzieloptimierung elektrischer Antriebe

Entsprechend der Beschreibung des Antriebs in Abschnitt 3.3 muss die Berechnung der Antriebseigenschaften $\vec{p}_{\mathrm{Ant}}$ ausgehend von einer parametrischen Beschreibung der Komponenten $\vec{x}$ erfolgen. Während im vorangegangenen Kapitel 4 bereits die Ökobilanz des Antriebs behandelt wurde, liegt der Schwerpunkt dieses Kapitels auf der Modellierung der technischen Eigenschaften. Damit wird die zweite Forschungsfrage dieser Arbeit nach der technisch-ökologischen Modellierung des Antriebs gelöst (siehe Abschnitt 1.1). Die Bestimmung der technischen Eigenschaften ist Voraussetzung für die Erstellung der Sachbilanz im Rahmen der Ökobilanz. Die Systemmodelle stellen somit die Grundlage der Ökobilanz dar, wie auf der linken Seite der Abbildung 5.1 dargestellt.

Die technische Umsetzung der Methode erfolgt durch Implementation in MATLAB 2023b. Die Modellbildung der E-Maschine wird mit Python 3.9.7 realisiert. Weitere Berechnungen zur Bereitstellung von Trainingsdaten und zur Bauteilcharakterisierung werden mit kommerziellen Programmen durchgeführt.

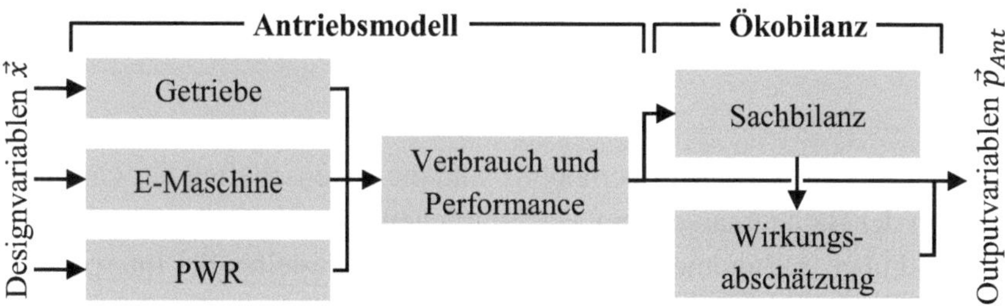

Abbildung 5.1: Struktur der Systemmodellierung und Ökobilanz

C. Könen, *Technisch-ökologische Mehrzieloptimierung der Antriebseinheit elektrischer Fahrzeuge*, Wissenschaftliche Reihe Fahrzeugtechnik Universität Stuttgart, https://doi.org/10.1007/978-3-658-49446-9_5

Dieses Kapitel ist in sechs Abschnitte unterteilt. In den ersten drei Abschnitten 5.1 bis 5.3 wird auf die Modellierung von Getriebe, E-Maschine und PWR eingegangen. Darauf folgt in Abschnitt 5.4 die Darlegung der Berechnungsmethode für Fahrleistung und Verbrauch. Anschließend erfolgt in Abschnitt 5.5 die Validierung der Modelle aus den vorangegangenen vier Abschnitten. Im abschließenden Abschnitt 5.6 wird auf die Methoden zur technisch-ökologischen Mehrzieloptimierung eingegangen, in deren Rahmen das Antriebsmodell und die Ökobilanz als Fitnessfunktion und Randbedingung zum Einsatz kommen.

5.1 Interpolationsmodell des Getriebes

Das Getriebemodell bildet ein zweistufiges Stirnradgetriebe ab, dessen erste Stufe bei gleichem maximalem Abtriebsdrehmoment und gleichem Wellenabstand mittels linearer Interpolation variiert werden kann. Dieser Ansatz kann für die Modellierung des Getriebes gewählt werden, da die gewünschte Gesamtübersetzung des Getriebes i_{GTR} die einzige Eingangsgröße des Modells ist. Dabei sind nur Gesamtübersetzungen zulässig, die mittels ganzzahliger Zähnezahlen in der ersten Getriebestufe dargestellt werden können.

$$\vec{x}_{\mathrm{GTR}} = [i_{\mathrm{GTR}}] \qquad \text{Gl. 5.1}$$

Ausgangsgrößen des Getriebemodells sind die Eigenschaften des Getriebes in Form der Bauteilmasse, dem Massenträgheitsmoment und einem Verlustkennfeld über Drehmoment und Drehzahl. Als Stützstellen der Interpolation dienen fünf verschiedene Varianten mit Gesamtübersetzungen im Intervall $i_{\mathrm{GTR}} = [6; 11,3]$ bei einem maximalen Abtriebsdrehmoment von 8350 Nm. Die Berechnung der Tragfähigkeit und Verluste erfolgt mithilfe der Software SMT MASTA nach den in Unterabschnitt 2.1.4 genannten Normen.

5.2 Modellierung der E-Maschine mittels maschinellem Lernen

Gegenstand des Modells der E-Maschine ist eine permanenterregte Synchronmaschine in Form eines Innenläufers mit Hairpinwicklung. Der Rotor ist mit Permanentmagneten in Doppel-V Anordnung ausgeführt wie in Abbildung 5.2 dargestellt. Die Parametrierung des Modells erfolgt spezifisch für diese Topologie. Durch eine Änderung der Parameter des Modells sind auch andere Maschinenarten und Rotortopologien abbildbar. Die Randbedingungen über den Wertebereich der einzelnen Eingangsgrößen werden über die Trainingsdaten für das Modell vorgegeben, da Extrapolationen jenseits der Trainingsdaten nicht vorgesehen sind. Die Ausgangswerte über das Maschinenverhalten gelten für eine einheitliche DC-Spannung und Spannungsausnutzung des PWR resultierend in einer Klemmenspannung von maximal 491,8 V_{RMS}. Die Modellbildung der E-Maschine ist auf die Leistungsfähigkeit, Verlustleistung und die Wechselstromgrößen fokussiert.

5.2.1 Ein- und Ausgangsgrößen

Als Eingangsgröße dient dem Modell der Vektor $\vec{x}_{EM}$, welcher mittels 19 Parametern die Geometrie, Materialeigenschaften, Wicklung und Betriebsbedingungen beschreibt. Für eine robuste Beschreibung der Geometrie bei verschiedenen Größenverhältnissen müssen sich überschneidende Geometrieelemente in der Maschine vermieden werden. Dazu werden sämtliche

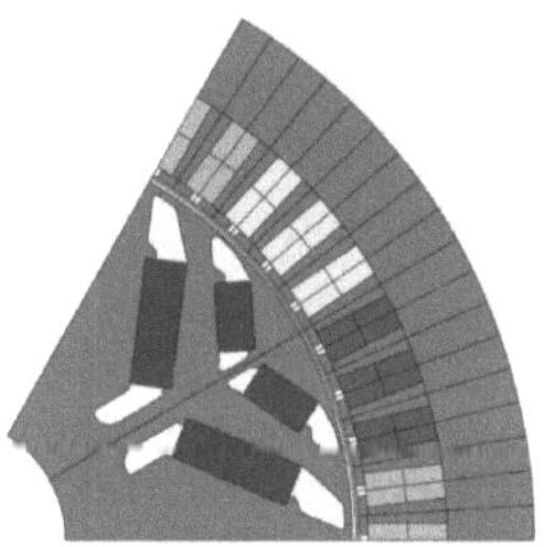

Abbildung 5.2: Geometrie der modellierten Maschinentopologie

geometrische Parameter g, die Längen beschreiben, mit dem Statoraußendurchmesser $d_{\mathrm{st,a}}$ normiert, um die normierten Werte der geometrischen Parameter n_g zu bilden. Davon ausgenommen ist die Aktivteillänge l_{Fe}.

$$n_g = \frac{g}{d_{\mathrm{st,a}}} \qquad \text{Gl. 5.2}$$

$$\vec{x}_{\mathrm{EM}} = \begin{bmatrix} d_{\mathrm{st,a}} & l_{\mathrm{Fe}} & n_{d_{\mathrm{st,i}}} & \cdots & I_{\mathrm{ph,max}} \end{bmatrix} \qquad \text{Gl. 5.3}$$

mit den Parametern

$d_{\mathrm{st,a}}$	Statoraußendurchmesser
l_{Fe}	Aktivteillänge
$n_{d_{\mathrm{st,i}}}$	norm. Statorinnendurchmesser
$n_{b_{\mathrm{Nut}}}$	norm. Nutbreite
$n_{h_{\mathrm{Nut}}}$	norm. Nuthöhe
$n_{h_{\mathrm{MAG1}}}$	norm. Höhe Permanentmagnet 1
$n_{b_{\mathrm{MAG1}}}$	norm. Breite Permanentmagnet 1
$n_{b_{\mathrm{Steg,A,MAG1}}}$	norm. Stegbreite Außen Magnetlage 1
$n_{b_{\mathrm{Steg,I,MAG1}}}$	norm. Stegbreite Innen Magnetlage 1
γ_{MAG1}	Winkel Magnetlage 1
$n_{h_{\mathrm{MAG2}}}$	norm. Höhe Permanentmagnet 2
$n_{b_{\mathrm{MAG2}}}$	norm. Breite Permanentmagnet 2
$n_{b_{\mathrm{Steg,A,MAG2}}}$	norm. Stegbreite Außen Magnetlage 2
$n_{b_{\mathrm{Steg,I,MAG2}}}$	norm. Stegbreite Innen Magnetlage 2
γ_{MAG2}	Winkel Magnetlage 2
B_r	Remanenzflussdichte der Permanentmagnete
H_{cJ}	Koerzitivfeldstärke der Permanentmagnete
w_{sp}	spannungshaltende Windungszahl der Statorwicklung
$I_{\mathrm{ph,max}}$	maximaler Phasenstrom

Weitere geometrische Parameter und Materialparameter des Elektroblechs sind als feste Werte in der FEM-Berechnung zur Erzeugung der Trainingsdaten hinterlegt und damit auch implizit in den Ersatzmodellen der E-Maschine enthalten. Gleiches gilt für das in der Trainingsdatenerzeugung hinterlegte Modulationsverfahren (Raumzeigermodulation), sowie die verlustminimale Auswahl der Strompaare (i_d, i_q) in den Betriebspunkten des Kennfelds.

Die Ausgangsgrößen des Modells der E-Maschine umfassen einen Vektor mit skalaren Eigenschaften $\vec{y}_{\mathrm{EM}}$ und fünf Kennfelder über die Wechselstromgrößen und Verlustleistungen der E-Maschine. Der Vektor $\vec{y}_{\mathrm{EM}}$ umfasst insgesamt elf Parameter, darunter Eingangsgrößen für die Ökobilanz, die maximale Drehzahl und das Massenträgheitsmoment des Rotors. Die Drehmomentwelligkeit der Maschine wird nicht als Ausgangsgröße mitgeführt, da diese nur mit geringer Genauigkeit durch Ansätze des Maschinellen Lernens bestimmt werden kann.

$$\vec{y}_{\mathrm{EM}} = \begin{bmatrix} M_{\mathrm{mech,max}} & P_{\mathrm{mech,max}} & m_{\mathrm{Fe,Sta}} & \cdots & r_{\mathrm{entmag,AKS}} \end{bmatrix} \qquad \text{Gl. 5.4}$$

mit den Parametern

$M_{\mathrm{mech,max}}$	max. mechanisches Drehmoment
$P_{\mathrm{mech,max}}$	max. mechanische Leistung
$P_{\mathrm{mech,max,nmax}}$	max. mechanische Leistung bei max. Drehzahl
J_{Rot}	Massenträgheitsmoment des Rotors
$m_{\mathrm{Fe,Sta}}$	Masse Statorblechpaket
$m_{\mathrm{Fe,Rot}}$	Masse Rotorblechpaket
m_{Cu}	Kupfermasse Wicklung
m_{MAG}	Masse Permanentmagnete
J	maximale Stromdichte in der Wicklung
I_{AKS}	maximaler Strom im aktiven Kurzschluss
$r_{\mathrm{entmag,AKS}}$	Anteil des entmagnetisierten Magnetvolumens nach aktivem Kurzschluss

Alle durch das Modell erzeugten Kennfelder sind über Drehzahl und Drehmoment der E-Maschine aufgetragen. Drei der Kennfelder sind für die Berechnung der Verluste des PWR erforderlich und bedienen die elektrische Schnittstelle zwischen den beiden Subsystemen. Hier handelt es sich um den Phasenstrom $I_{\mathrm{Ph}}(M,n)$, die Spannung $U_{\mathrm{LL}}(M,n)$ und den Leistungsfaktor $\cos\varphi(M,n)$. Die beiden weiteren erzeugten Kennfelder enthalten die

Verluste der E-Maschine. Ersteres enthält die Grundschwingungsverluste $P_{\mathrm{v,EM,GS}}(M,n)$, Zweiteres enthält die Zusatzverluste $P_{\mathrm{v,EM,OS}}(M,n,f_{\mathrm{s}})$ infolge von Oberschwingungen durch die Pulsweitenmodulation des PWR. Da diese Verluste nicht nur vom Betriebspunkt der E-Maschine abhängig sind, sondern auch von der Schaltfrequenz des PWR, wird das Kennfeld über die drei Dimensionen Drehmoment, Drehzahl und Schaltfrequenz des PWR aufgetragen. Darüber hinaus werden die Oberschwingungsverluste auch durch das Modulationsverfahren des PWR beeinflusst. Zur Vereinfachung der Modellbildung werden die Oberschwingungsverluste nur für einen Betrieb mit Raumzeigermodulation betrachtet.

5.2.2 Ansatz des Modells der E-Maschine

Nach dem Stand der Technik (siehe Unterabschnitt 2.1.4) existiert keine Methode zur schnellrechnenden Bestimmung von skalaren Eigenschaften und Kennfeldern der E-Maschine in Abhängigkeit der parametrischen Beschreibung x_{EM}. Aufgrund der guten Eignung von Ansätzen aus dem maschinellen Lernen (ML) zur Modellierung nichtlinearer Systeme kommt ein solcher Ansatz zur Vorhersage von Eigenschaften der E-Maschine zum Einsatz.

Da die Wicklung der E-Maschine nur diskret variiert werden kann und im Fall der Hairpinwicklung alle in Frage kommenden Wicklungsvarianten bekannt sind, wird ein separates Maschinenmodell für jede Wicklungsvariante erstellt. So sind alle Inputvariablen der Maschinenmodelle Gleitkommazahlen. Jedes dieser Maschinenmodelle ist gleich aufgebaut und setzt sich aus drei Teilmodellen zusammen:

1. Modell für die skalaren Eigenschaften $\vec{y}_{\mathrm{EM}}$ (KPI-Modell)
2. Modell für die Form der Grenzkennline des maximalen Drehmoments über Drehzahl (GKL-Modell)
3. Modell für die Daten der Kennfelder (KF-Modell)

Ergänzt werden die drei Teilmodelle um die Vorhersage der maximalen Rotordrehzahl (Mechanik-Modell). Dieses Modell ist unabhängig von der Wicklungsvariante und ist daher identisch in allen Maschinenmodellen.

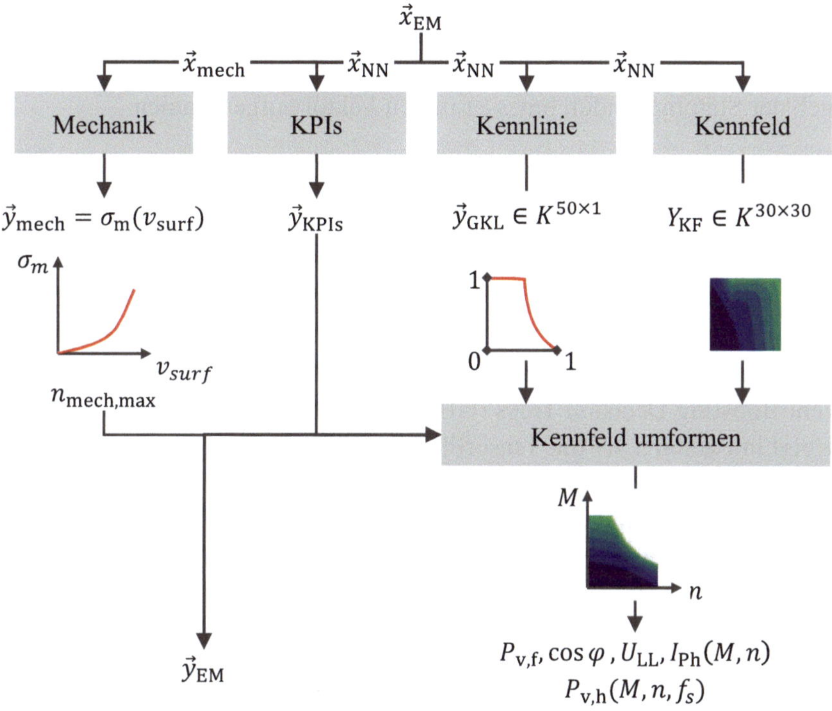

Abbildung 5.3: Struktur der Teilmodelle innerhalb des Modells der E-Maschine

Wie bereits in Abbildung 5.3 erkennbar nutzen die einzelnen Teilmodelle unterschiedliche Eingangsvektoren, die ausgewählte Parameter des Vektors $\vec{x}_{\mathrm{EM}}$ enthalten. Für das KPI-Modell, das GKL-Modell und das KF-Modell wird der Vektor $\vec{x}_{\mathrm{NN}}$ genutzt, welcher alle Werte aus $\vec{x}_{\mathrm{EM}}$ mit Ausnahme der Windungszahl und des maximalen Phasenstroms übernimmt. Letzteres führt dazu, dass die Vorhersage durch das Ersatzmodell so bei einem Referenzstrom von $I_{\mathrm{Ph,ref}} = 1400\,\mathrm{A_{rms}}$ erfolgen kann. Die Korrektur skalarer

Kenngrößen und der Grenzkennline auf den maximalen Phasenstrom erfolgt anschließend analytisch und mithilfe des Kennfelds des Phasenstroms. So kann die Menge der erforderlichen Trainingsdaten reduziert werden.

Für das Mechanik-Modell wird der Vektor $\vec{x}_{\mathrm{mech}}$ als Input genutzt. Dieser enthält nur die geometrischen Parameter, welche die Rotorgeometrie beschreiben. Aufgrund der Normierung dieser Parameter nach Gl. 5.2 wird auch der Statoraußendurchmesser in den Vektor aufgenommen.

Auswahl des Ansatzes für maschinelles Lernen

Für die Vorhersage der skalaren Kenngrößen auf Basis des Verktors $\vec{x}_{\mathrm{NN}}$ gilt es einen geeigneten Algorithmus aus den etablierten ML-Methoden für Regression auszuwählen: Dazu werden die drei Ansätze eines Multi-Layer Perceptron (MLP), einer Support Vector Regression (SVR) und von Gradient Boosting Decision Trees (GBDT) untersucht. Die Implementierung erfolgt in Python 3.9.7 mit TensorFlow und Scikit-learn. Zum Vergleich der drei Algorithmen bezüglich ihres Trainingsverhalten und ihrer Vorhersagegenauigkeit werden diese auf Datensätzen von bis zu 1821 verschiedenen Maschinengeometrien bewertet. Um die einzelnen Algorithmen bestmöglich auszunutzen, werden ihre Hyperparameter mittels Bayes'scher Optimierung bestimmt [7, 86]. Anschließend erfolgt die Bewertung der Vorhersagegüte anhand der Korrelation zwischen Vorhersage und tatsächlichem Wert mithilfe des Bestimmtheitsmaßes der Regression R^2:

$$R^2 = 1 - \frac{\sum_i (y_i - f_i)^2}{\sum_i (y_i - \bar{y})^2} \qquad \text{Gl. 5.5}$$

Auf dem vollständigen Trainingsdatensatz erreichen alle drei Algorithmen eine hohe Genauigkeit mit $R^2 > 0{,}95$. Da die Trainingsdatenerzeugung jedoch zeitaufwendig ist (siehe Unterabschnitt 5.2.3), wird das Training der Modelle auf reduzierten Trainingsdatensätzen wiederholt. In Abbildung 5.4

ist sichtbar, dass die GBDT zum Erreichen des gewünschten Bestimmtheitsmaßes von $R^2 = 0,95$ um 245 % mehr Trainingsdaten benötigen als die SVR. Obwohl das MLP 48 % mehr Trainingsdaten als die SVR für die gleiche Modellgüte benötigt, wird ersterer Algorithmus weiterverfolgt, da die MLPs aus TensorFlow über eine Schnittstelle zu MATLAB exportiert werden können.

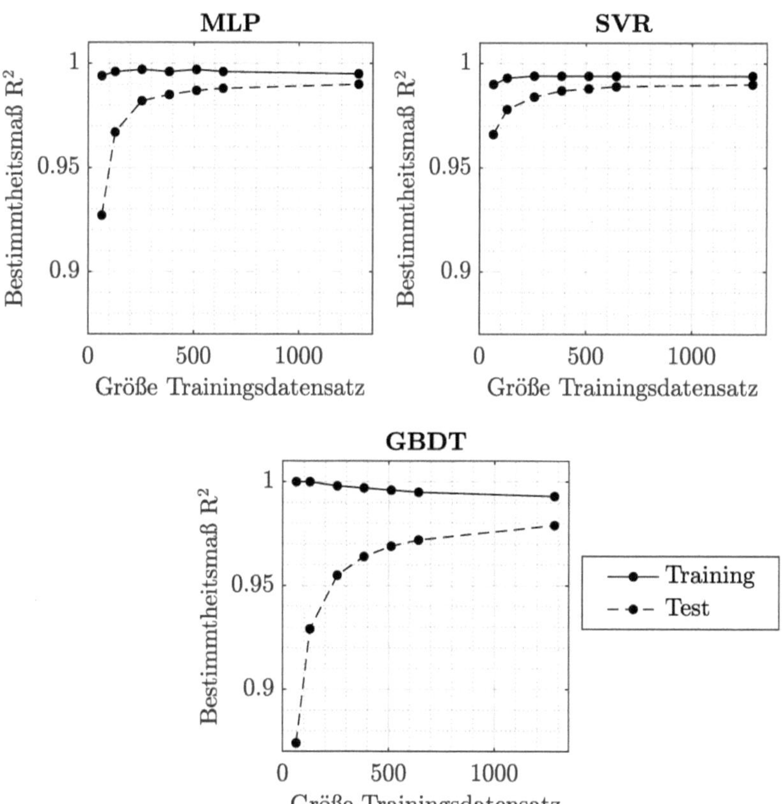

Abbildung 5.4: Einfluss der Datensatzgröße im Training auf die Genauigkeit des KPI-Modells

Zur Erstellung der weiteren drei Ersatzmodelle kommen ebenfalls MLPs zum Einsatz. Für das Mechanik-Modell werden die Hyperparameter des KPI-Modells übernommen. Für das GKL- und KF-Modell erfolgt die Bestimmung neuer Hyperparameter (siehe Tabelle 5.1).

Tabelle 5.1: Hyperparameter des Multi-Layer Perceptrons der E-Maschine

Hyperparameter	KPI	GKL	KF
Dense Layer	3	3	5
Neuronen pro Layer	200, 20, 20	30, 100, 200	100, 4x 200
Aktivierungsfuktion		ReLu	
Trainingsalgorithmus		adam	
Verlustfunktion		mean squared error	
Datenanteil Validierung		15%	
Learning Rate	0,001	0,003	0,003

Anmerkung: Validierungsdaten sind Teil der Trainingsdaten und werden zur Bestimmung der Modellparameter verwendet. Diese sind keine Testdaten.

Vorhersage skalarer Kenngrößen

Die Vorhersage der skalaren Kenngrößen erfolgt auf Basis des Vektors $\vec{x}_{\mathrm{NN}}$. Mit Ausnahme des maximalen Stroms im aktiven Kurzschluss (AKS) und der davon abhängigen Entmagnetisierung werden alle Variablen des Vektors $\vec{y}_{\mathrm{EM}}$ direkt prädiziert. Da die beiden Größen des AKS nicht linear abhängig vom maximalen Phasenstrom der E-Maschine sind, werden diese für fünf verschiedene Phasenströme ausgegeben. Zwischen diesen Werten wird anschließend linear interpoliert, um die Werte des Kurzschlussstroms I_{AKS} und der Entmagnetisierung $r_{\mathrm{entmag,AKS}}$ zu ermitteln.

Vorhersage der Grenzkennlinie

Das GKL-Modell prädiziert im Gegensatz zu den anderen Modellen keine absoluten Werte zur Beschreibung der Grenzkennlinie, sondern einen Vektor $\vec{y}_{\mathrm{GKL}} \in K^{50\mathrm{x}1}$. Die Einträge dieses Vektors im Intervall $[0;1]$ beschreiben die Form der Kurve des maximalen Drehmoments über Drehzahl beim Referenzstrom $I_{\mathrm{Ph,ref}}$. Mithilfe der Ausgangsgrößen des KPI-Modells und der maximalen Rotordrehzahl werden die Absolutwerte der Grenzkennlinie bestimmt. Mit diesem Ansatz werden robuste und konsistente Ergebnisse zwischen den einzelnen Teilmodellen sichergestellt.

$$\vec{M}_{\mathrm{GKL}} = \vec{y}_{\mathrm{GKL}} M_{\mathrm{mech,max}} + (1 - \vec{y}_{\mathrm{GKL}}) \frac{P_{\mathrm{mech,max},n_{\mathrm{max}}}}{2\pi n_{\mathrm{max}}} \qquad \text{Gl. 5.6}$$

mit

$M_{\mathrm{mech,max}}$	maximales Drehmoment bei $I_{\mathrm{Ph,ref}}$
$P_{\mathrm{mech,max},n_{\mathrm{max}}}$	maximale Leistung bei n_{max} und $I_{\mathrm{Ph,ref}}$
n_{max}	maximale Drehzahl des Rotors

Vorhersage der Kennfelder

Um eine robuste Vorhersage der Kennfelder der E-Maschine zu erreichen, werden diese nicht in der gewöhnlichen Darstellung der Daten über einem regelmäßigen Drehmoment-Drehzahl-Gitter dargestellt. Stattdessen erfolgt die Ausgabe der Daten für die Kennfelder als quadratische Matrix $\mathbf{Y}_{\mathrm{KF}} \in K^{30\mathrm{x}30}$. So muss durch das MLP nicht die leistungsabhängige Lage der Kennfeldgrenze prädiziert werden.

Bereits die Kennfelder der Trainingsdaten müssen zu einer quadratischen Matrix $\mathbf{Y}_{\mathrm{KF}}$ umgeformt werden. Dazu werden Zeilen des Kennfelds mit leeren Einträgen oberhalb der Grenzkennlinie auf die gewünschte Länge von 50 Einträgen interpoliert. So werden alle leeren Stellen der Matrix befüllt, es besteht jedoch kein regelmäßiges Drehmoment-Drehzahl-Gitter mehr. Um auf Basis der prädizierten Matrix $\mathbf{Y}_{\mathrm{KF}}$ wieder ein Kennfeld mit regelmäßigem Drehmoment-Drehzahl-Gitter zu erzeugen, wird zur zeilenweisen Umformung die zuvor im GKL-Modell bestimmte Grenzkennlinie verwendet. Innerhalb des KF-Modells existiert für jede einzelne physikalische Größe, die als Kennfeld ausgegeben wird, ein eigenes MLP. Für das MLP der Kennfelder über die Verlustleistung infolge von Oberschwingungen wird der Inputvektor $\vec{x}_{\mathrm{NN}}$ um die Schaltfrequenz des PWR erweitert, um das dreidimensionale Kennfeld $P_{\mathrm{v,EM,OS}}(M,n,f_{\mathrm{s}})$ zu bilden.

Sollte der maximale Phasenstrom $I_{\mathrm{ph,max}}$ des betrachteten Antriebs kleiner sein als der Referenzstrom $I_{\mathrm{Ph,ref}}$, so wird nach der Vorhersage des Kennfeldes $I_{\mathrm{Ph}}(M,n)$ eine neue Grenzkennlinie aus diesem Kennfeld für den gegebenen maximalen Phasenstrom ermitteln. Im Zuge dessen erfolgt auch eine Korrektur der stromabhängigen skalaren Größen.

Vorhersage der maximalen Rotordrehzahl

Die Bestimmung der maximalen Rotordrehzahl erfolgt aus Robustheitsgründen indirekt über die Vorhersage der mechanisch zulässigen Rotoroberflächengeschwindigkeit in Verbindung mit dem Rotoraußendurchmesser. Dieser Ansatz ist robuster als eine direkte Vorhersage, da bei radialer geometrischer Skalierung die Festigkeitsgrenze des Rotors bei der gleichen Oberflächengeschwindigkeit liegt. Als Eingabe dient der reduzierte Vektor der Eingangsgrößen $\vec{x}_{\mathrm{mech}}$, da die Rotorfestigkeit unabhängig vom Stator und der Wicklungsvariante ist. Lediglich für unterschiedliche Polpaarzahlen sind mehrere Modellvarianten erforderlich.

5.2.3 Trainingsdaten und Vorhersagegüte

Die Erzeugung der Trainingsdaten erfolgt mittels zweidimensionaler elektromagnetischer und mechanischer FEM-Berechnung. Die mechanische Berechnung wird als lineare Festigkeitsberechnung in INTES PERMAS ausgeführt, die elektromagnetische Berechnung als Parameteridentifikation in FEMAG-DC. An die elektromagnetische Berechnung schließt sich ein Postprocessing zur Berechnung der Leistungsdaten, Kennfelder und Oberschwingungsverluste mittels eines analytischen Modells [96] an. Die Berechnungsdauer einer Variante ohne Parallelisierung beträgt 325 Minuten.

Die Erzeugung der Varianten für den Trainingsdatensatz erfolgt durch ein Latin Hypercube Sampling im Designraum für eine raumfüllende Verteilung der Varianten. Dabei werden die Parameter um mindestens ±20% gegenüber einer Referenz variiert, beispielsweise der Statoraußendurchmesser von 185 mm bis 285 mm und die aktive Länge von 125 mm bis 190 mm.

Zur Stabilisierung des Trainings werden die Daten mittels z-score Normierung nach Gleichung Gl. 5.7 skaliert. Nach der Normierung liegt der Mittelwert des Datensatzes bei null und die Standardabweichung bei eins.

$$z = \frac{x-\mu}{\sigma} \qquad \text{Gl. 5.7}$$

Vor dem Training wird der verfügbare Datensatz in 80% Trainingsdaten und 20% Validierungsdaten geteilt. Letztere finden keine Verwendung im Training. Die Vorhersagegüte der Modelle wird während des Trainings mit der mittleren quadratischen Abweichung (*engl.* mean squared error, kurz: MSE) bewertet. Zusätzlich wird nach dem Training das Bestimmtheitsmaß R^2 ermittelt. Damit lässt sich die Vorhersagegüte der einzelnen Modelle untereinander vergleichen. Für das Training der Modelle für fünf verschiedene Wicklungsvarianten mit insgesamt 4604 Varianten im Trainingsdatensatz sind die Vorhersagegüten in Tabelle 5.2 aufgeführt.

Aufgrund der Fortpflanzung von Fehlern aus der Vorhersage des Modells der E-Maschine in die Modelle von Getriebe und PWR erfolgt im Abschnitt 5.5 eine Analyse der Güte des gesamten Antriebsmodells.

Tabelle 5.2: Vorhersagegüte der Ersatzmodelle für die E-Maschine

Model	**Variable**	$\mathbf{R}^2_{\text{Training}}$	$\mathbf{R}^2_{\text{Validierung}}$
KPI	$\vec{y}_{\text{EM}}$	0.9859	0.9936
Mechanik	n_{max}	0.9994	0.9979
GKL	$\vec{y}_{\text{GKL}}$	0.9996	0.9991
KF	$P_{\text{v,GS}}$	0.9955	0.9936
	$P_{\text{v,OS}}$	0.9788	0.9746
	I_{Ph}	0.9943	0.9940
	U_{LL}	0.9984	0.9982
	$\cos\varphi$	0.9839	0.9816

5.3 Analytisches Modell des Pulswechselrichters

Für die Betrachtung des Pulswechselrichters im Kontext des gesamten Antriebs muss eine Modellbildung über das Verlustverhalten des PWR, das thermische Verhalten des Leistungsteils und die Erzeugung des bordnetzseitigen Spannungsrippels erfolgen. Im Folgenden erfolgt die Modellbildung für einen dreiphasigen 2-Level Pulswechselrichter mit SiC-Halbleitern. Analog zur E-Maschine erfolgt die Auswahl der Parameter spezifisch für diese Topologie, könnte jedoch für andere PWR angepasst werden.

5.3.1 Ein- und Ausgangsgrößen

Die parametrische Beschreibung des PWR erfolgt durch den Vektor $\vec{x}_{\mathrm{PWR}}$, welcher die Chipfläche im Leistungsmodul, die Zwischenkreiskapazität (ZKK) und die Betriebsbedingungen beschreibt. Zusätzlich benötigte Größen für das Modell sind die Kennfelder über die Wechselstromgrößen der E-Maschine. Diese Kennfelder für die Größen I_{Ph}, U_{LL} und $\cos(\varphi)$ werden durch das Modell der E-Maschine bereitgestellt, das im Unterabschnitt 5.2.2 beschrieben ist.

$$\vec{x}_{\mathrm{PWR}} = \begin{bmatrix} n_{\mathrm{Chip}} & C_{\mathrm{ZKK}} & I_{\mathrm{ph,max}} \end{bmatrix} \quad \text{Gl. 5.8}$$

mit

n_{Chip}	Anzahl der Chips pro topologischem Schalter
C_{ZKK}	Kapazität des Zwischenkreiskondensators
$I_{\mathrm{ph,max}}$	maximaler Phasenstrom

Die elektrischen und thermischen Eigenschaften der Bauelemente für das Leistungsmodul und den Zwischenkreiskondensator sind als feste Größen im Modell hinterlegt.

Die Ausgangsgrößen des PWR-Modells sind über Drehmoment, Drehzahl und Schaltfrequenz aufgetragene Verlustkennfelder $P_{\mathrm{v,PWR}}(M,n,f_{\mathrm{s}})$, sowie ein Vektor skalarer Größen $\vec{y}_{\text{PWR}}$. Dieser Vektor beinhaltet die Bauteilmassen für die Ökobilanz, die Chiptemperatur bei Dauerstrom und den DC-Spannungsrippel.

$$\vec{y}_{\text{PWR}} = \left[m_{\text{Aktiv}} \quad m_{\text{ZKK}} \quad m_{\text{Gehäuse}} \quad T_{\text{Chip,max}} \quad U_{\text{DC,rpl}}\right] \qquad \text{Gl. 5.9}$$

mit

m_{Aktiv}	Masse der Aktivteile (Leistungsmodule)
m_{ZKK}	Masse des Kondensators
$m_{\text{Gehäuse}}$	Gehäusemasse
$T_{\text{Chip,max}}$	maximale Temperatur der Chips
$U_{\text{DC,rpl}}$	Amplitude des DC-Spannungsrippels

5.3.2 Modellierung des Pulswechselrichters

Im Rahmen der Modellierung des Pulswechselrichters wird die Verlustleistung der passiven Komponenten vernachlässigt, da diese für die Berechnung der Verlustleistung im Fahrzyklus nicht relevant ist. Somit beschränkt sich das Verlustmodell auf das Leistungsmodul, wofür die Verlustleistung mithilfe eines analytischen Verlustmodells für SiC MOSFET bestimmt wird. In diesem Modell wird die Verlustleistung einzeln für jeden Chip berechnet, wobei die Annahme getroffen wird, dass der Phasenstrom I_{Ph} gleichmäßig über alle Chips n_{Chip} eines topologischen Schalters verteilt wird. Somit gilt für den Strom eines Chips $I_{\text{ch}} = I_{\text{Ph}}/n_{\text{Chip}}$.

Die Berechnung erfolgt aufgeteilt nach den Verlustarten im MOSFET. Für die Durchlassverluste wird das Modell B nach Velić *et al.* [97] genutzt, in dem in die Verlustleistung des High-Side Chips M1 und des Low-Side Chips M2 unterschieden wird.

$$P_{\text{C,M1}} = \frac{R_{\text{DS}} I_{\text{ch}}^2}{24\pi}\left(3\pi + 8m\cos(\varphi)\right) - \frac{1}{2} I_{\text{ch}}^2 R_{\text{DS}} f_{\text{s}} t_{\text{d}} \qquad \text{Gl. 5.10}$$

$$P_{\text{C,M2}} = \frac{R_{\text{SD}} I_{\text{ch}}^2}{24\pi}\left(3\pi - 8m\cos(\varphi)\right) - \frac{1}{2} I_{\text{ch}}^2 R_{\text{SD}} f_{\text{s}} t_{\text{d}} \qquad \text{Gl. 5.11}$$

Weitere Durchlassverluste treten in der integrierten Body-Diode des SiC-MOSFET während der Totzeit t_d zwischen zwei Schaltvorgängen auf. Diese werden mit einem linearen Modell der Diode wie folgt bestimmt.

$$P_\mathrm{C,D} = \frac{I_\mathrm{ch} f_\mathrm{s} t_\mathrm{d}}{\pi} \left(\pi I_\mathrm{ch} R_\mathrm{D} + 4 V_\mathrm{f}\right) \qquad \text{Gl. 5.12}$$

Die Schaltverluste werden auf Basis von Schaltenergien und Umladeverlusten der Ausgangskapazität C_OSS des Schalters ermittelt. Die verwendeten Schaltenergien E_SW stammen aus Kennfeldern, die mithilfe simulativer Doppelpulsversuche in SIMETRIX mit SPICE Modellen der Chiphersteller vorab berechnet wurden. In den Schaltenergien sind auch die Reverse-Recovery-Verluste der Diode enthalten.

$$P_\mathrm{SW} = \frac{1}{\pi} f_\mathrm{s} E_\mathrm{SW}\left(\frac{du}{dt}, U_\mathrm{DC}\right) + \frac{1}{2} P_\mathrm{Coss} \qquad \text{Gl. 5.13}$$

Für einen dreiphasigen PWR mit zwei topologischen Schaltern pro Halbbrücke ergeben sich somit die Gesamtverluste des Leistungsmoduls $P_\mathrm{v,inv}$ aus der Summe der drei Verlustarten.

$$P_\mathrm{v,inv} = 3n\left(2\left(P_\mathrm{C,M1} + P_\mathrm{C,M2} + P_\mathrm{C,D}\right) + 2P_\mathrm{SW}\right) \qquad \text{Gl. 5.14}$$

Zur Berechnung des Verlustleistungskennfelds $P_\mathrm{v,PWR}(M,n,f_\mathrm{s})$ werden die Kennfelder $I_\mathrm{Ph}(M,n)$, $U_\mathrm{LL}(M,n)$ und $\cos\varphi(M,n)$ in die Gleichungen Gl. 5.10 bis Gl. 5.13 eingesetzt und für die gleichen Schaltfrequenzen berechnet, die bereits als Stützstellen des Kennfeldes $P_\mathrm{v,EM,OS}(M,n,f_\mathrm{s})$ dienen. Dabei werden feste Werte für den Spannungsgradienten im Schaltvorgang du/dt und die Totzeit t_d zwischen Schaltvorgängen genutzt.

Für die Bestimmung der maximalen Chiptemperatur im stationären Zustand wird der Wärmeübergang vom Chip ins Kühlmedium mithilfe eines thermischen Widerstands modelliert. Die Verlustleistungsberechnung erfolgt nach dem obigen Ansatz im Eckpunkt der E-Maschine. Das transiente thermische Verhalten wird aufgrund der geringen Wärmekapazitäten des Leistungsmoduls nicht betrachtet.

Die Berechnung des DC-Spannungsrippels wird in einem Betriebspunkt bei kleiner elektrischer Frequenz im Grunddrehzahlbereich der E-Maschine und maximalem Phasenstrom durchgeführt. Auf Basis der in $\vec{y}_{\mathrm{PWR}}$ vorgegebenen Kapazität und den Eigenschaften des Bordnetzes des Fahrzeugs wird die Übertragungsfunktion des Zwischenkreiskondensators bestimmt. Mit dieser erfolgt anschließend die Berechnung des Spannungsrippels aus dem Stromprofil am Eingang des Leistungsmoduls.

5.4 Berechnungsmethode für Fahrleistung und Verbrauch

Die Subsystemmodelle aus den vorherigen Abschnitten 5.1 bis 5.3 dienen letztendlich zur Berechnung der technischen Eigenschaften des gesamten Antriebs. In Abhängigkeit der zu berechnenden Zielgröße werden die Ergebnisse der Subsystemmodelle in einer Vorwärts- oder Rückwärtssimulation eingesetzt.

5.4.1 Verlustleistung der Antriebseinheit im Fahrzyklus

Im Fall der Fahrzyklusverluste der Antriebskomponenten wird das Vorgehen einer Rückwärtssimulation gewählt. Aufgrund der Prämisse, nur den Antrieb zu variieren, kann der zeitliche Drehmoment- und Drehzahlverlauf des Fahrzyklus auf Achsebene bereits vorab berechnet werden. Mithilfe von Verlustkennfeldern der einzelnen Subsysteme können diese anhand der Schnittstellen innerhalb des Antriebs kombiniert werden. Anschließend werden auslegungsabhängig die Fahrzyklusverluste der einzelnen Komponenten in einer quasistationären Berechnung ermittelt. Quasistationär bedeutet in diesem Zusammenhang, dass innerhalb einer Zeitschrittweite des Fahrzyklus das in den Kennfeldern hinterlegte stationäre Verlustverhalten der Subsysteme angenommen wird.

Im Rahmen der Berechnung der Fahrzyklusverluste werden die Interaktionen der Subsysteme in Form von Oberschwingungsströmen und Massenträgheitsmomenten berücksichtigt. Mithilfe der Auflösung der Verlustleistungskennfelder der E-Maschine und des PWR über den Freiheitsgrad der Schaltfrequenz f_s wird in der Fahrzyklusberechnung in jedem Betriebspunkt die gesamtheitlich verlustminimale Schaltfrequenz ausgewählt. Zur Berücksichtigung des Einflusses des Massenträgheitsmoments von Getriebe und Rotor ist im Fahrzyklus die Winkelbeschleunigung des Rads enthalten. Damit wird ein zusätzlicher Fahrwiderstand gebildet.

$$M_\mathrm{rot} = (J_\mathrm{GTR,ein} + J_\mathrm{EM,rot})\, i_\mathrm{GTR}^2 \,\frac{d\omega_\mathrm{Rad}}{dt} \qquad \text{Gl. 5.15}$$

5.4.2 Auswahl des Fahrzyklus

Zur Berechnung des Energieverbrauchs in der Nutzungsphase der Ökobilanz wird der WLTC Klasse 3 eingesetzt, da dieser für die Angabe des Energieverbrauchs für die Typgenehmigung von Pkw in der EU eingesetzt wird. Mithilfe der Fahrzeugdaten aus Tabelle 5.3 wird ein spezifisches Drehmoment-/Drehzahlprofil des WLTC für die betrachtete Oberklasselimousine ermittelt.

Um die Eignung des WLTC für die Quantifizierung des Energieverbrauchs sicherzustellen, erfolgt der Abgleich mit Realfahrdaten des betrachteten Fahrzeugs. In Abbildung 5.5 sind die Betriebspunkte auf Achsebene des WLTC und einer globalen Flotte von 4678 Fahrzeugen des gleichen Modells einander gegenübergestellt. In beiden Datensätzen liegen Häufungen der Betriebspunkte in vergleichbaren Regionen. Auffällig ist die ausgeprägte Ansammlung von Betriebspunkten bei 0 Nm in den Flottendaten. Die mittlere absolute Leistung in den Flottendaten beträgt 19,9% weniger im WLTC.

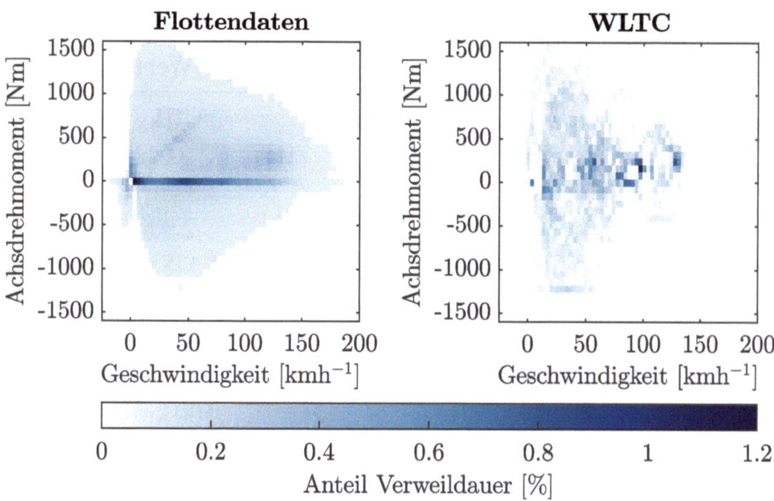

Abbildung 5.5: Verweildauer in den Betriebspunkten des Antriebs nach WLTC und Felddaten

Die Durchschnittsgeschwindigkeit der Flottendaten fällt mit 44,3 $\text{km}\,\text{h}^{-1}$ um 2,2 $\text{km}\,\text{h}^{-1}$ geringer aus als im WLTC. Somit stellt die Nutzung des WLTC eine konservative Abschätzung für den Betrieb in der Nutzungsphase dar.

5.4.3 Fahrleistungsberechnung

Ein Fahrzeugmodell ist neben der Antriebsverlustberechnung auch Grundlage für die Fahrleistungsberechnung. Diese erfolgt in einer Vorwärtssimulation auf Basis der Fahrwiderstandsgleichungen zur Bestimmung des Zugkraftüberschusses und der resultierenden Fahrzeugbeschleunigung. In diesem Längsdynamikmodell sind die dynamische Achslastverteilung und ein Reifenmodell auf Basis einer Schlupfkennlinie enthalten. Die im Modell verwendeten Fahrzeugdaten können Tabelle 5.3 entnommen werden. Einflüsse auf die Fahrleistungen infolge unterschiedlicher Antriebsmassen werden analog der Fahrzyklusberechnung vernachlässigt.

Tabelle 5.3: Fahrzeugparameter der betrachteten Oberklasselimousine

Parameter	Variable	Wert
Masse	m_{Fzg}	2320 kg
Luftwiderstandsbeiwert	c_{w}	0,22
Stirnfläche	A_x	2,33 m^2
Radstand	l_{R}	2,9 m
dyn. Radhalbmesser	r_{dyn}	0,348 m
max. Reibwert Reifen	μ_{max}	1,3
Rollwiderstandsbeiwert	f_{r}	$6{,}5 \cdot 10^{-3}$
DC-Spannung	U_{DC}	650 V
Reichweite	l_{range}	500 km

5.5 Validierung des Antriebsmodells

Im Unterabschnitt 5.2.3 wurde bereits die Vorhersagegüte des Ersatzmodells der E-Maschine untersucht. Aufgrund der Verknüpfung des Maschinenmodells und des PWR-Modells, der Fahrleistungsberechnung und der Ökobilanz werden Fehler durch das gesamte Antriebsmodell propagiert.

Zur Bewertung der Fehlerfortpflanzung werden die Eigenschaften von 200 verschiedenen Antrieben berechnet (EII, Kosten, Masse, Verluste und Beschleunigungszeit). Die Berechnung erfolgt zum Einen auf Basis einer FEM-Berechnung der E-Maschine, zum Anderen auf Basis des Ersatzmodells aus Abschnitt 5.2. In beiden Berechnungen kommen außerhalb der E-Maschine die gleichen Bestandteile des Antriebsmodells für PWR, Getriebe und Fahrleistungen zum Einsatz. Die Quantifizierung der Modellgenauigkeit erfolgt anhand des relativen Fehlers zwischen der FEM-basierten Berechnung und der ersatzmodellbasierten Berechnung (siehe Abbildung 5.6).

Zusätzlich sind in Tabelle 5.4 der Mittelwert des relativen Fehlers (MRE), die Standardabweichung des relativen Fehlers σ und das Bestimmtheitsmaß R^2 aufgeführt. Analog zu Abschnitt 5.2.3 sind die Fehler von Masse und Kosten klein, da diese auf skalaren Größen basieren. Trotz der Fehlerverkettung aus der Vorhersage der Form der Drehmoment-Drehzahlkennlinie, sowie der Vorhersage der Werte für Drehmoment und Leistung sind auch die Fehler der Beschleunigungszeit von 0-100 $\mathrm{km\,h^{-1}}$ kleiner als ein Prozent. Bei den Verlusten im Fahrzyklus sind die Fehler und deren Standardabweichung am größten. Hier ist die Fehlerfortpflanzung am stärksten ausgeprägt, da sich Fehler aus der Vorhersage des Drehmoments, der Drehmoment-Drehzahlkennline und den Kennfelddaten bis in die Verlustleistungsberechnung des PWR fortsetzen. Mit einem mittleren Fehler von $-1{,}88\,\%$ werden die Verluste unterschätzt. Dennoch ist dieser Fehler tolerierbar, da er eine Größenordnung kleiner ist als die kleinsten Intervallbreiten von Verlusten im Rahmen der Optimierungen in Kapitel 6. Obwohl die Umweltauswirkungen auf den Antriebsverlusten basieren, liegt die Modellgüte für den EII höher, da hier die Nutzungsphase nur rund zur Hälfte beiträgt. In Summe lässt sich festhalten, dass die Fehlerfortpflanzung aus dem E-Maschinenmodell in das Antriebsmodell ausreichend gering ist, um dieses zur Optimierung zu verwenden.

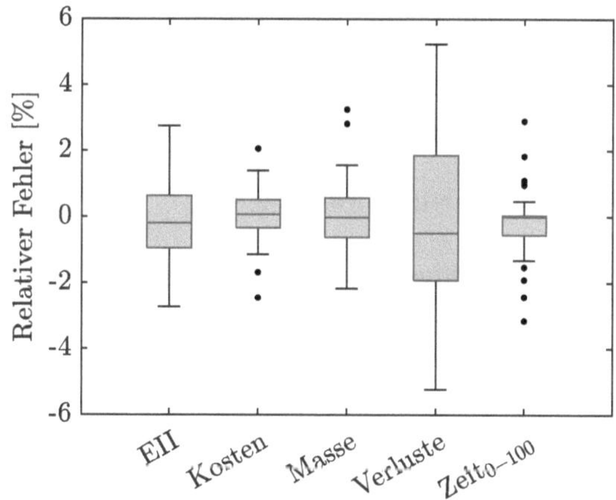

Abbildung 5.6: Fehlerfortpflanzung aus dem Ersatzmodell der E-Maschine anhand ausgewählter Antriebseigenschaften

Tabelle 5.4: Modellgenauigkeit des elektrischen Antriebs anhand ausgewählter Antriebseigenschaften

Parameter	MRE	R^2	σ
EII	0.8639 %	0.9999	1.0534 %
Kosten	0.5050 %	0.9998	0.6762 %
Masse	0.6731 %	0.9999	0.9002 %
Verluste	1.8766 %	0.9991	2.2609 %
Zeit$_{0-100}$	0.4472 %	0.9997	0.7634 %

5.6 Mehrzieloptimierung

Zur Mehrzieloptimierung des Antriebs hinsichtlich der technischen und ökologischen Eigenschaften werden die Ökobilanz und das Antriebsmodell miteinander verbunden und als Fitnessfunktion genutzt. Die Definition darauf aufbauender Optimierungsprobleme erfolgt im folgenden Unterabschnitt 5.6.1. Anschließend wird auf die zur Lösung eingesetzten genetischen Algorithmen sowie deren Parametrierung eingegangen.

5.6.1 Definition des Optimierungsproblems

Die Definition des Optimierungsproblems erfolgt anhand von Designvariablen, Nebenbedingungen und Zielgrößen. Die verfügbaren Designvariablen entsprechen der parametrischen Beschreibung des Antriebs und bilden den Vektor $\vec{x}$. In diesem Vektor werden die parametrischen Beschreibungen des PWR $\vec{x}_{\mathrm{PWR}}$, der E-Maschine $\vec{x}_{\mathrm{EM}}$ und des Getriebes $\vec{x}_{\mathrm{GTR}}$ gebündelt. Jeder Parameter kann innerhalb eines vorgegebenen Intervalls als reelle Zahl variiert werden. Davon ausgenommen ist der Parameter zur Beschreibung der Wicklung der E-Maschine. Da diese nur diskret variiert werden kann, erfolgt die Vorgabe der Wicklung über den Index einer Liste der zulässigen Wicklungen. Dadurch ergibt sich ein gemischt-ganzzahliges Optimierungsproblem.

Mithilfe von Nebenbedingungen werden der Designraum und der Bildraum eingeschränkt. Auf der Seite des Designraums werden drei Nebenbedingungen bezüglich der Fertigbarkeit und Rotordynamik der E-Maschine aufgestellt. Erstens darf die aktive Länge l_{Fe} der E-Maschine nicht größer sein als der Rotoraußendurchmesser $d_{\mathrm{rot,a}}$. Zweitens müssen die magnetischen Eigenschaften des Permanentmagneten so gewählt sein, dass es sich um eine herstellbare Güte entsprechend Abbildung 4.6 handelt. Drittens muss zwecks Fertigbarkeit die Nut so dimensioniert sein, dass das Verhältnis aus Hairpinbreite zu Hairpinhöhe kleiner als drei ist.

Seitens des Bildraums muss der PWR eine maximale Chiptemperatur von $T_{\mathrm{j}} = 160\,°\mathrm{C}$ und eine maximale Amplitude des DC-Spannungsrippels von $U_{C,\mathrm{rpl}} = 60\,\mathrm{V}$ einhalten. Die Wicklung der E-Maschine darf eine Stromdichte von maximal $55\,\mathrm{A\,mm^{-2}}$ aufweisen. Weitere Nebenbedingungen können problemspezifisch hinzugefügt werden. Die Zielgrößen des Optimierungsproblems können variabel aus den Ausgangsgrößen der Modelle des Antriebs gewählt werden.

5.6.2 Optimierungsalgorithmus

Angesichts der Eigenschaften des Optimierungsproblems bietet sich ein genetischer Algorithmus zur Lösung an. Insbesondere die gemischt ganzzahligen Designvariablen, das ableitungsfreie Modell des Antriebs und die gegenläufigen Zielgrößen sind dafür ausschlaggebend. Das häufig auftretende Problem langer Rechenzeiten genetischer Algorithmen kann in diesem Fall überwunden werden, da bereits bei der Modellbildung des Antriebs der Fokus auf eine geringe Rechenzeit* von 56,1 ms pro Antrieb gelegt wurde.

*Durchschnittliche Rechenzeit ermittelt über 100 Ausführungen auf einem Rechner mit Intel i7-1185G7 Prozessor und 32 GB RAM

Zur Lösung der in Kapitel 6 folgenden Optimierungsprobleme wird der Algorithmus *gamultiobj* aus MATLABs Global Optimization Toolbox verwendet. Dieser Algorithmus beruht auf dem NSGA-II, welcher bereits in vorherigen Arbeiten eingesetzt und adaptiert wurde [95]. Aufgrund der Vielzahl an Designvariablen und Randbedingungen in Design- und Bildraum ist es vorteilhaft, dem Optimierungsalgorithmus eine initiale Population vorzugeben. So wird die Optimierung beschleunigt und vermieden, dass der genetische Algorithmus die Population in ein lokales Optimum treibt. Die initiale Population wird ebenfalls mithilfe von MATLAB durch die Funktion *paretosearch* ermittelt, da sie nach nur drei Iterationen eine geeignete initiale Population für die Antriebsoptimierung liefert.

Die Parametrierung beider Algorithmen ist in den Tabellen 5.5 und 5.6 dokumentiert. Besondere Relevanz hat dabei, dass die Populationsgröße ausreichend groß gewählt werden muss, um mit der Lösung des genetischen Algorithmus den gesamten Bildraum abdecken zu können. Außerdem ist die Mutationsfunktion *mutationpower* zu wählen, um das gemischt-ganzzahlige Optimierungsproblem zu lösen.

Tabelle 5.5: Parametrierung des Optimierungsalgorithmus gamultiobj

Parameter	**Wert**
Population Size	512
Function Tolerance	$5 \cdot 10^{-3}$
Constraint Tolerance	$1 \cdot 10^{-2}$
Mutation Function	mutationpower

Tabelle 5.6: Parametrierung des Algorithmus paretosearch

Parameter	**Wert**
Constraint Tolerance	$1 \cdot 10^{-2}$
Max. Number of Iterations	3

6 Ergebnisse der Mehrzieloptimierung

Die im vorherigen Kapitel vorgestellte Methode zur technisch-ökologischen Mehrzieloptimierung ermöglicht die Optimierung des Antriebs im Rahmen der Fahrzeugentwicklung sowie die Darstellung grundlegender Zielkonflikte. Mit dieser Methode wird die dritte Forschungsfrage dieser Arbeit über neue Zielkonflikte des Antriebs durch Berücksichtigung der Umweltauswirkungen beantwortet. Die nachfolgenden Optimierungsprobleme werden unter Verwendung der Fahrzeugparameter aus Tabelle 5.3 gelöst. Die Ergebnisse sind im Kontext einer Sportlimousine der Oberklasse zu interpretieren. Für die Freiheitsgrade, Randbedingungen und die Konfiguration des Optimierungsalgorithmus dienen die Parameter und Werte aus Abschnitt 5.6.

Insgesamt werden im vorliegenden Kapitel zwei Fragestellungen mithilfe der technisch-ökologischen Mehrzieloptimierung untersucht. Zunächst erfolgt im Abschnitt 6.1 die Untersuchung der Fahrzeuganforderungen an den Antrieb anhand einer Pareto-Front, mit Fokus auf die Umweltauswirkungen über den gesamten Lebenszyklus. Im Anschluss wird im Abschnitt 6.2 der Zielkonflikt zwischen minimalen Umweltauswirkungen in Herstellung und Nutzung analysiert. Im abschließenden Abschnitt 6.3 werden die Optimierungsergebnisse bezüglich der zuvor getroffenen Annahmen über den Strommix und eines konstanten Energieinhalts der Batterie evaluiert.

6.1 Zielkonflikt der Anforderungen an Antriebe

Die Auslegung von Antrieben bewegt sich in der Regel im Spannungsfeld von Anforderungen, die entsprechend der Vorgehensweise aus Abschnitt 3.3 aus den Gesamtfahrzeuganforderungen hergeleitet werden. Allgemein können diese Anforderungen auf fünf wesentliche Ziele der Antriebsauslegung

C. Könen, *Technisch-ökologische Mehrzieloptimierung der Antriebseinheit elektrischer Fahrzeuge*, Wissenschaftliche Reihe Fahrzeugtechnik Universität Stuttgart, https://doi.org/10.1007/978-3-658-49446-9_6

reduziert werden, wobei die Priorisierung der Ziele und die Limitierung durch Randbedingungen segmentabhängig ist:

- maximale Längsdynamik
- minimale Verlustleistung
- minimale Umweltauswirkungen
- minimale Kosten
- minimale Masse

Für die betrachtete Oberklasselimousine wird jedes der fünf Ziele in der Mehrzieloptimierung durch eine Zielgröße repräsentiert, die in Tabelle 6.1 aufgeführt ist. Das Ziel maximaler Längsdynamik wird durch die Zeit für die Beschleunigung von 0 auf $100\,\mathrm{km\,h^{-1}}$ repräsentiert, welche durch die Antriebsleistung und das Achsdrehmoment beeinflusst wird. Zusätzlich zur Längsbeschleunigung stellt auch die Höchstgeschwindigkeit v_{max} eine Kenngröße der Längsdynamik dar, die über die Getriebeübersetzung im Zielkonflikt mit dem Achsdrehmoment steht. Um nur eine Größe der Längsdynamik als Zielgröße zu betrachten, wird die Höchstgeschwindigkeit als Randbedingung in der folgenden Optimierung geführt.

Tabelle 6.1: Zielgrößen und Randbedingungen zur Untersuchung der Zielkonflikte von Anforderungen an Antriebe

Zielgrößen		**Randbedingungen**	
$\mathrm{Zeit}_{0-100\mathrm{km/h}}$	min	Höchstgeschwindigkeit	$> 260\,\mathrm{km\,h^{-1}}$
Fahrzyklusverluste	min	Entmagnetisierung	$< 5\%$
EII	min	Stromdichte	$< 55\,\mathrm{A\,mm^{-2}}$
Herstellungskosten	min	Chiptemperatur	$< 160\,°\mathrm{C}$
Masse	min	DC-Spannungsrippel	$< 60\,\mathrm{V}$

Das Ergebnis dieses Optimierungsproblems ist in Form einer fünfdimensionalen Pareto-Front in Abbildung 6.1 dargestellt. Hier repräsentiert jeder Punkt eine paretooptimale Lösung des Optimierungsproblems. Zur Visualisierung ist die Pareto-Front doppelt dargestellt: Erstens in Form von Punkten im dreidimensionalen Raum mit Farbskala über die Beschleunigungszeit.

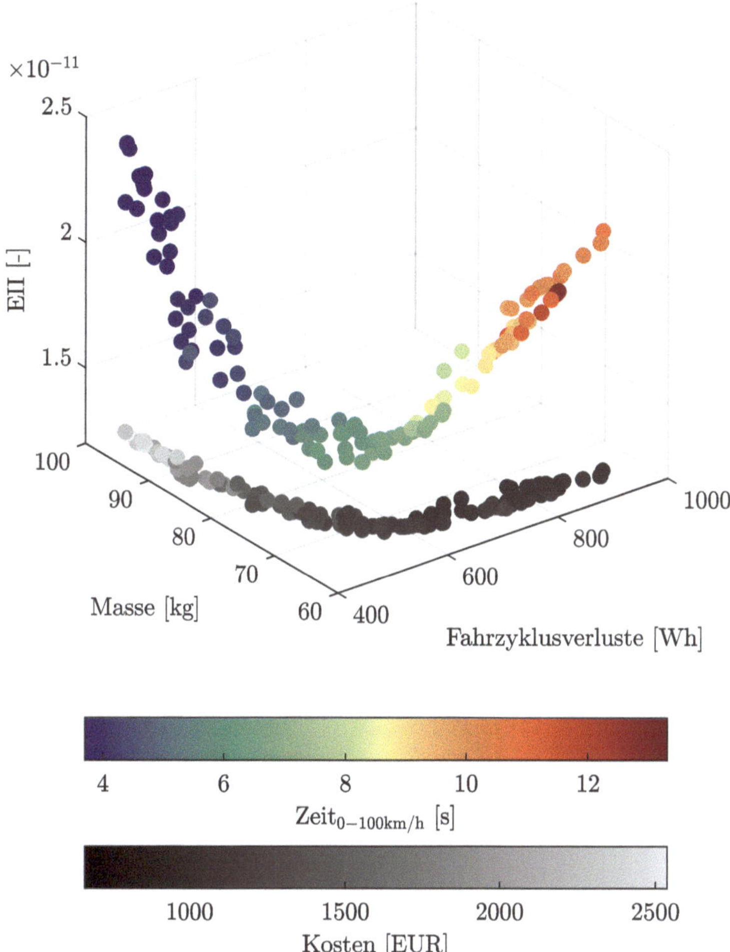

Abbildung 6.1: Pareto-Front bei Optimierung des Antriebs auf fünf wesentliche Anforderungen

Zweitens erfolgt die Projektion der Pareto-Front in der Ebene von Masse und Fahrzyklusverlusten, wobei die Punkte in Abhängigkeit der Herstellungskosten der Antriebe unterschiedlich schattiert sind. Ferner sind weitere Projektionen der Pareto-Fronten mit jeweils nur zwei Zielgrößen im Anhang in Abbildung A.2 dargestellt.

Die Zielkonflikte entlang der Pareto-Front können durch die Bestimmung der Korrelationskoeffizienten nach Pearson r_{PCC} erfasst werden [79], sofern diese annähernd linear ausgeprägt sind (siehe Gl. 6.1). Die Werte der Korrelationskoeffizienten sind in einer Matrix in Abbildung 6.2 dargestellt.

$$r_{\text{PCC}} = \frac{\sum_{i=1}^{n} (x_i - \bar{x})(y_i - \bar{y})}{\sqrt{\sum_{i=1}^{n} (x_i - \bar{x})^2 \sum_{i=1}^{n} (y_i - \bar{y})^2}} \qquad \text{Gl. 6.1}$$

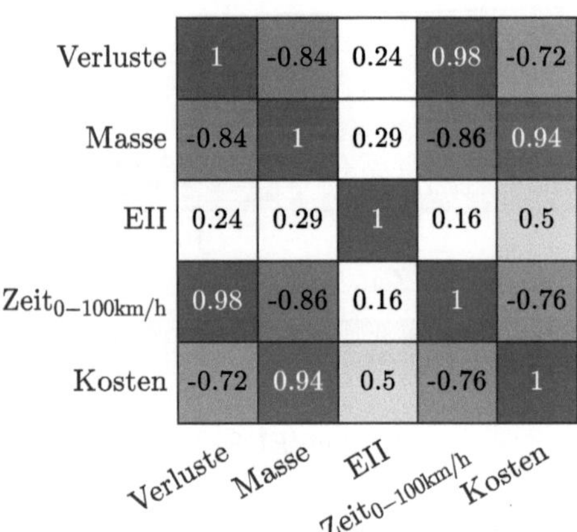

	Verluste	Masse	EII	Zeit$_{0-100\text{km/h}}$	Kosten
Verluste	1	-0.84	0.24	0.98	-0.72
Masse	-0.84	1	0.29	-0.86	0.94
EII	0.24	0.29	1	0.16	0.5
Zeit$_{0-100\text{km/h}}$	0.98	-0.86	0.16	1	-0.76
Kosten	-0.72	0.94	0.5	-0.76	1

Abbildung 6.2: Korrelation der Zielgrößen paretooptimal ausgelegter Antriebe

Ausgeprägte positive Korrelationen ($r_{\text{PCC}} > 0{,}9$) bestehen zwischen der Beschleunigungszeit und den Fahrzyklusverlusten sowie zwischen den Herstellungskosten und der Masse. Die Korrelation zwischen der Beschleunigungszeit und den Fahrzyklusverlusten lässt sich dadurch begründen, dass bei Antrieben für hohe Längsdynamik Drehmoment und Leistung höher sind. Dies führt einerseits zu einer größeren Chipfläche des Umrichters, was die Durchlassverluste reduziert, und andererseits zu einer Verschiebung des Feldschwächbereichs der E-Maschine zu höheren Drehzahlen. Diese Verschiebung steigert den Wirkungsgrad im Fahrzyklus, der von niedrigen Lasten und Drehzahlen dominiert wird.

Negative Korrelationen bestehen zwischen der Zielgröße der Herstellungskosten und der Beschleunigungszeit sowie den Fahrzyklusverlusten. Die Ursache dafür liegt im gesteigerten Materialeinsatz für längsdynamisch leistungsfähige Antriebe durch hohe Chipfläche und hohe Magnetmasse. Zudem korreliert auch die Masse des Antriebs negativ mit den Fahrzyklusverlusten. Dies ist auf reduzierte Fluss- und Stromdichten in der E-Maschine bei höherem Materialeinsatz zurückzuführen.

Zu den Umweltauswirkungen (EII) besteht keine ausgeprägte Korrelation mit einer anderen Zielgröße. Weder minimale Fahrzyklusverluste noch minimale Masse führen zu minimalen Umweltverlusten. Anhand der Pareto-Front ist dies nachvollziehbar, da das Minimum des EII mittig auf der Pareto-Front zwischen den Extremwerten von Fahrzyklusverlusten und Masse liegt. Zwischen EII und Kosten besteht kein ausgeprägter Zielkonflikt im Rahmen der Auslegung (siehe Abbildung A.2). Dies gilt auch unter Einbezug der Nutzungskosten.

Diese Zusammenhänge der Zielkonflikte werden auch bei Betrachtung derjenigen fünf Antriebe sichtbar, welche jeweils eine Zielgröße bestmöglich erfüllen. Für jeden dieser fünf Antriebe ist in Abbildung 6.3 ein Netzdiagramm dargestellt. Dieses trägt die fünf Zielgrößen der Optimierung auf den Achsen. Eine hohe Erfüllung aller fünf Zielgrößen wird in den Netzdiagrammen durch eine hohe Ausdehnung der Kontur dargestellt. Die positiven Korrelationen zwischen Fahrzyklusverlusten und Beschleunigungszeit, sowie Herstellungskosten und Masse sind wiedererkennbar. Auffällig ist, dass die Variante mit minimalem EII auch in den anderen Zielgrößen nahe dem Minimum ausgeprägt ist, während die anderen Varianten in einzelnen Zielgrößen nahe dem Maximum liegen.

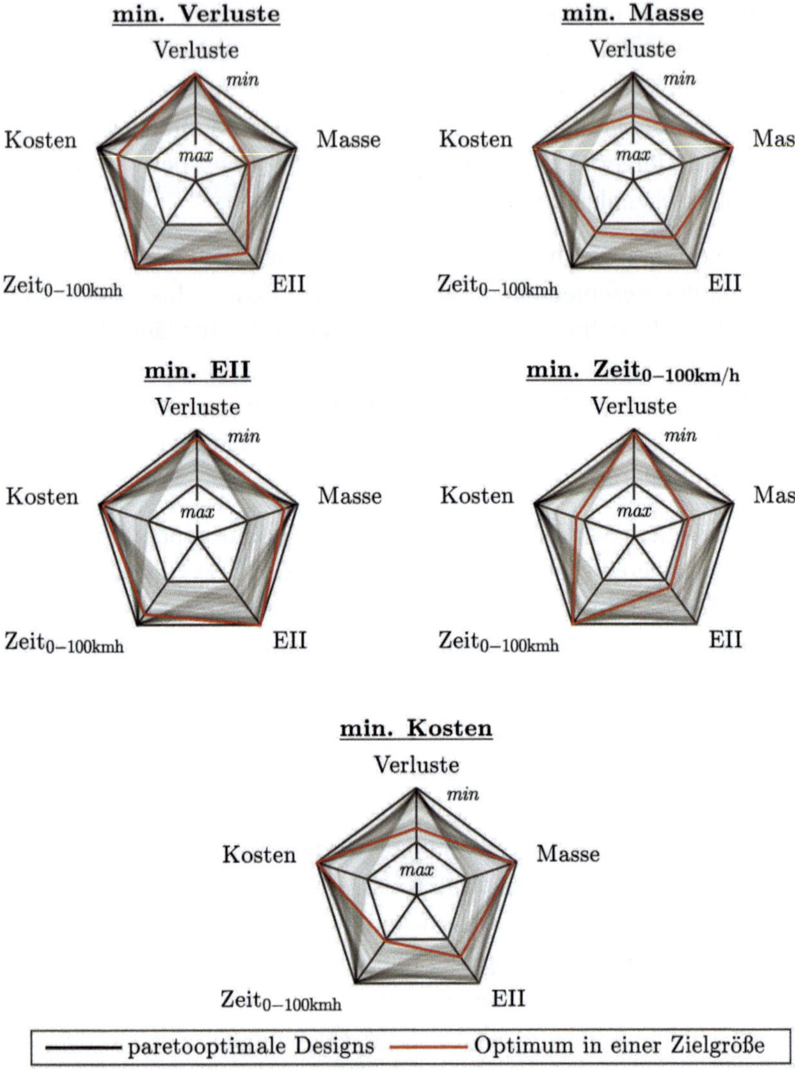

min. Verluste
Verluste
min
Kosten
Masse
max
Zeit0–100kmh
EII
min. Masse
Verluste
min
Kosten
Masse
max
Zeit0–100kmh
EII
min. EII
Verluste
min
Kosten
Masse
max
Zeit0–100kmh
EII
min. Zeit0–100km/h
Verluste
min
Kosten
Masse
max
Zeit0–100kmh
EII
min. Kosten
Verluste
min
Kosten
Masse
max
Zeit0–100kmh
EII
paretooptimale Designs
Optimum in einer Zielgröße

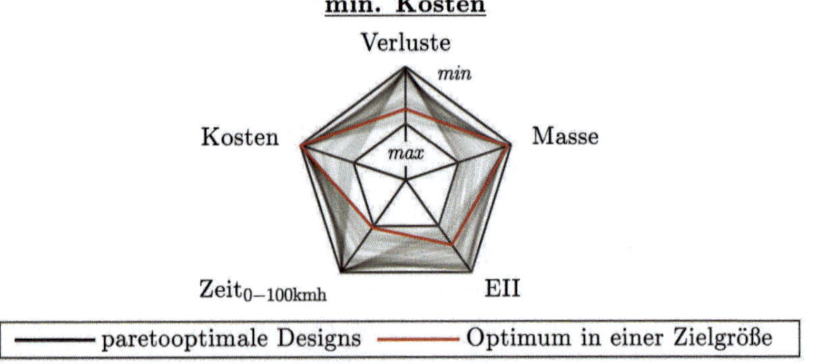

Abbildung 6.3: Eigenschaften von Designs mit optimalen Eigenschaften bezüglich einer Zielgröße

6.2 Umweltauswirkungen in Herstellung und Nutzung

Bereits in der vorherigen Untersuchung des Zielkonflikts der Antriebsanforderungen konnte festgestellt werden, dass keine linearen Korrelationen zwischen den Umweltauswirkungen und der Masse oder dem Energieverbrauch des elektrischen Antriebs bestehen. Der Antrieb mit minimalen Umweltauswirkungen im Abschnitt 6.1 liegt bei niedriger Masse und niedriger Verlustleistung, jedoch nicht im Minimum einer der beiden Eigenschaften. Da sowohl die Masse als auch die Verluste Eingangsgrößen der Ökobilanz sind (siehe Kapitel 4), liegt ein Zielkonflikt zwischen den Umweltauswirkungen der Herstellung und der Nutzung nahe.

Um diesen Zielkonflikt zu untersuchen, wird eine weitere Optimierung durchgeführt, wobei nur die Umweltauswirkungen in Herstellung und Nutzung als Zielgröße zu minimieren sind. Zwecks Vergleichbarkeit der Antriebe wird für die Beschleunigung von 0 auf $100\,\mathrm{km\,h^{-1}}$ eine minimale Zeit von $5\,\mathrm{s}$ als Randbedingung aufgestellt. Die Verlustleistungen des Antriebs im Fahrzyklus werden nicht explizit in die Optimierung aufgenommen, da diese implizit über das Ziel minimaler Umweltauswirkungen in der Nutzung zu minimieren sind. Sämtliche Randbedingungen und Zielgrößen können der Tabelle 6.2 entnommen werden.

Tabelle 6.2: Zielgrößen und Randbedingungen zur Untersuchung des Zielkonflikts zwischen Umweltauswirkungen in Herstellung und Nutzung

Zielgrößen		Randbedingungen	
$\mathrm{EII}_{\mathrm{Herstellung}}$	min	$v_{\max}$	$> 260\,\mathrm{km\,h^{-1}}$
$\mathrm{EII}_{\mathrm{Nutzung}}$	min	A_{demag}	$< 5\%$
		$J_{\max}$	$< 55\,\mathrm{A\,mm^{-2}}$
		T_{j}	$< 160\,°\mathrm{C}$
		$U_{C,\mathrm{rpl}}$	$< 60\,\mathrm{V}$
		$\mathrm{Zeit}_{0-100\mathrm{km/h}}$	$< 5\,\mathrm{s}$

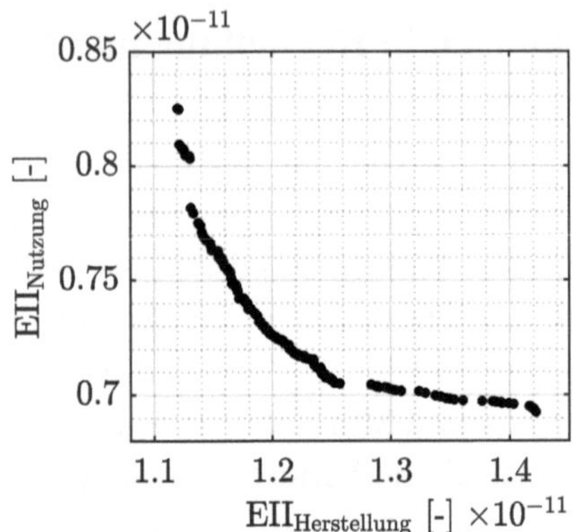

Abbildung 6.4: Pareto-Front der Antriebsoptimierung auf minimalen EII in Herstellung und Nutzung

Das Resultat der Optimierung ist als Pareto-Front in Abbildung 6.4 dargestellt, wobei jeder Punkt eine Auslegungsvariante repräsentiert. Der Zielkonflikt zwischen dem EII der Herstellung und der Nutzung ist klar erkennbar. Zum EII über den gesamten Lebenszyklus zählt jedoch auch die Umweltauswirkung des EoL einschließlich einer Gutschrift für das Recycling. Daher ist die Aufteilung des EII auf die drei Phasen des Lebenszyklus in Abbildung 6.5 dargestellt, wo Auslegungen mit hohem EII in der Herstellung eine hohe Gutschrift zum EoL erhalten. Ursache ist dafür der erhöhte Materialeinsatz.

Bereits in der Darstellung der Pareto-Front in Abbildung 6.4 ist zu erkennen, dass die Pareto-Front im mittleren Bereich mit einer Steigung von näherungsweise -1 verläuft. In diesem Bereich kann durch die Variation der Auslegung ein Teil des EII von Herstellung und EoL in die Nutzungsphase verschoben werden, ohne die Summe des EII signifikant zu verändern. Dies ist auch in Abbildung 6.5 anhand der horizontalen Verlaufs der Summe des EII sichtbar.

Hauptverursacher für die Änderung des EII ist die E-Maschine, wie aus den beiden Balkendiagrammen der Abbildung 6.6 über die Aufteilung des EII in Herstellung und Nutzung hervorgeht. Die Ursache dafür ist, dass das Getriebe und der PWR nur geringfügig entlang der Pareto-Front variiert werden. Die Übersetzung liegt beispielsweise im Intervall von 8,79 bis 9,50 und die Chipanzahl pro topologischem Schalter zwischen 7,4 und 7,8 Stück. Die E-Maschine wird hingegen in Rotor und Stator stark variiert (siehe Abbildung A.1). Die Aktivteilmassen der E-Maschine werden gegenüber ihrem Mittelwert signifikant variiert: die Kupfermasse um ±25,9 %, die Eisenmasse um ±13,3 % und die Magnetmasse um ±16,9 %. Wie bereits im obigen Abschnitt 6.1 diskutiert wurde, kann durch hohe Eisen- und Kupfermassen der Wirkungsgrad erhöht werden. Des Weiteren führt eine Reduzierung des Strombedarfs im Grunddrehzahlbereich der E-Maschine zu einer positiven Beeinflussung des Wirkungsgrads. Dies ist auf eine Steigerung des Rotorflusses infolge einer erhöhten Magnetmasse zurückzuführen. Der reduzierte Strombedarf wirkt sich zudem auf den PWR in Form von reduzierten Verlusten und reduziertem EII aus (Abbildung 6.6).

Zusammenfassend können durch die Auslegung Umweltauswirkungen zwischen den Lebenszyklusphasen verschoben werden, ohne die Summe der Umweltauswirkungen stark zu verändern. Dies erfolgt hauptsächlich über die Variation der E-Maschine.

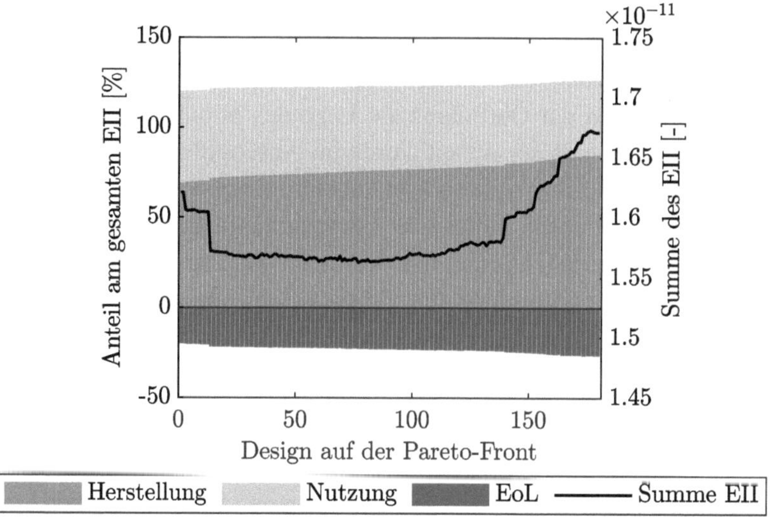

Abbildung 6.5: Aufteilung des EII zwischen den Lebenszyklusphasen

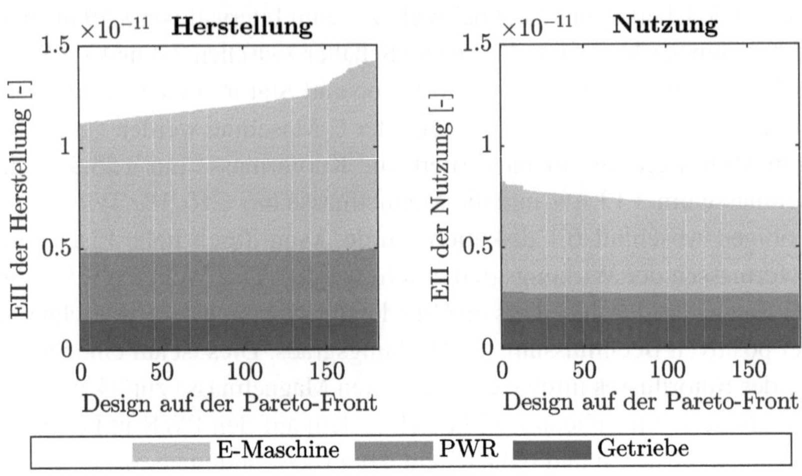

Abbildung 6.6: Beitrag der Subsysteme zum Umweltschaden in Nutzung und Herstellung

6.3 Einfluss von Nutzungsphase und Batterie

Neben der Auslegung des Antriebs beeinflussen auch die Bilanzgrenze und die Annahmen der Ökobilanz die Lage des minimalen EII. Der Untersuchungsrahmen dieser Arbeit wurde im Abschnitt 3.1 auf den Antrieb begrenzt. Damit werden Änderungen der Batteriegröße zur Aufrechterhaltung der Reichweite, die sich aus Wirkungsgradänderungen des Antriebs ergeben, nicht berücksichtigt. Ferner wurde die Annahme getroffen, für die Nutzungsphase der Ökobilanz eine Prognose des europäischen Strommix über die Fahrzeuglebensdauer einzusetzen. Beide Randbedingungen haben einen Einfluss auf die Lage des optimalen EII und werden daher im abschließenden Abschnitt durch zusätzliche Analysen außerhalb des zuvor definierten Untersuchungsrahmens hinterfragt.

Hinsichtlich des Strommixes werden drei Szenarien für europäischen Strommix in der Nutzungsphase verglichen. Im pessimistischen Szenario wird der gegenwärtige Strommix angenommen. Das mittlere Szenario stellt die

Prognose des Strommix über die Fahrzeuglebensdauer aus Abschnitt 4.2.5 dar. Im optimistischen Szenario erfolgt die Nutzung des gegenwärtigen Mix für Grünstrom. Anhand der Pareto-Front aus dem vorherigen Abschnitt 6.2 werden die drei Szenarien anhand des Minimums des EII über alle drei Lebenszyklusphasen verglichen. Die Minima für die drei Szenarien sind links in Abbildung 6.7 hervorgehoben. Da der EII der Nutzungsphase linear abhängig ist vom EII des Strommix und der Verlustenergie des Antriebs, verschiebt sich das Minimum des gesamten EII auf der Pareto-Front. Bei hohem EII des Strommix erfolgt die Verschiebung zu effizienteren Antrieben, bei geringem EII des Strommix umgekehrt.

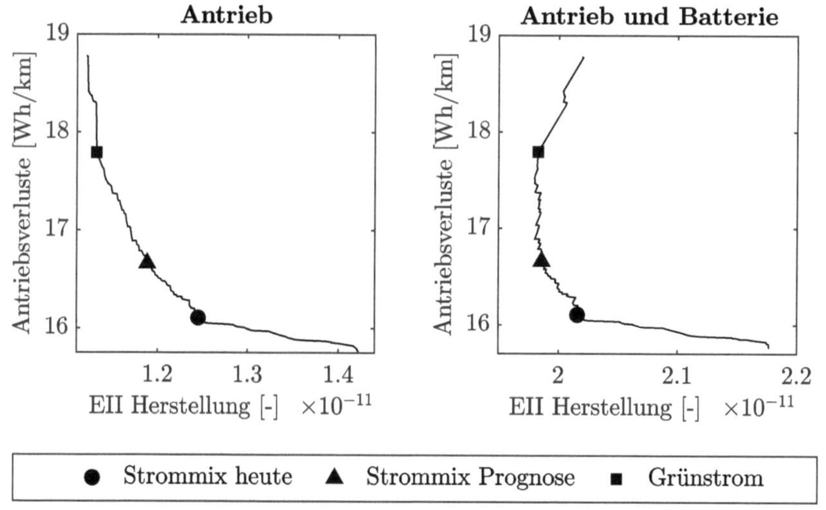

Abbildung 6.7: Einfluss des Nutzungszenarios auf Antriebe mit pareto-optimalem EII mit und ohne Berücksichtigung der Batterie

Zur Bewertung der Auswirkung von Effizienzänderungen des Antriebs auf die Batterie wird die Umweltauswirkung der Herstellung von Batteriezellen in die Ökobilanz aufgenommen. Dabei werden nur diejenigen Batteriezellen bilanziert, welche die Energie in Höhe der Antriebsverluste speichern, um eine Reichweite von 500 km nach WLTP zu erreichen (in dieser Untersuchung 7,9 kWh bis 9,4 kWh). Für die Ökobilanz der Herstellung von Batteriezellen werden Lithium-Ionen Zellen vom Typ NMC 811 herangezogen. In Übereinstimmung mit Werten aus der Literatur [17, 91] wurde ein EII von $9{,}57 \cdot 10^{-13}$ pro kWh und ein Treibhauspotenzial von 84,9 kg CO_2äq pro kWh ermittelt.

Zur Darstellung der Ergebnisse wurde das EII der Herstellung für die Pareto-Front aus dem Abschnitt 6.2 um das auslegungsabhängige EII der Batteriezellherstellung erhöht und rechts in Abbildung 6.7 dargestellt. Als Folge dieser Änderung sind nicht mehr alle dargestellten Punkte paretooptimal. Dies betrifft insbesondere Antriebe mit Verlusten über 17,8 $\mathrm{Wh\,km^{-1}}$, bei denen die Umweltauswirkungen für die zusätzlichen Batteriezellen höher sind als die Umweltauswirkungen zur Effizienzsteigerung des Antriebs. Auch die Sensitivität des Strommix auf die Lage des Minimum des EII für den gesamten Lebenszyklus ist reduziert, wenn die Umweltauswirkungen der Batteriezellen berücksichtigt werden.

7 Zusammenfassung und Ausblick

7.1 Zusammenfassung

Die vorliegende Arbeit stellt eine Methode zur technisch-ökologischen Mehrzieloptimierung der Antriebseinheit elektrischer Fahrzeuge dar. Diese umfasst die Teilsysteme des Getriebes, der E-Maschine und des PWR. Dazu werden erstens bauteilspezifische Ökobilanzen für einzelne Komponenten und ihre Wertschöpfungsketten aufgestellt. Zweitens erfolgt eine präzise Modellierung des Antriebs bezüglich Leistungsfähigkeit und Effizienz, um die Ökobilanzen auslegungsabhängig anzupassen und die technischen Eigenschaften des Antriebs bestimmen zu können. Drittens sind die Modelle und Ökobilanzen schnellrechnend, sodass mittels genetischer Algorithmen Pareto-Fronten über die Zielkonflikte technischer und ökologischer Eigenschaften ermittelt werden können.

Im Forschungsfeld der Ökobilanzierung elektrischer Antriebe wird durch die generische Vorgehensweise zur Ökobilanzierung von Bauteilen und Herstellungsprozessen die erste Forschungsfrage der Arbeit gelöst. Diese Generik wird auf die technische Ausführung aktueller Antriebe angewandt. So besteht ein weiterer Beitrag der Arbeit hinsichtlich der Ökobilanzierung des PWR in spezifischen Sachbilanzen für SiC-MOSFETs und PP-Folienkondensatoren. Der Beitrag bezüglich der E-Maschine besteht in einer detaillierten Bilanzierung des Walzens und Stanzens von Elektroblech sowie des Einsatzes von seltenen Erden im Permanentmagnet.

Die zweite Forschungsfrage hinsichtlich der technisch-ökologischen Modellierung elektrischer Antriebe wird durch die Vorstellung eines modularen und schnellrechnenden Ansatzes beantwortet, welcher eine Schnittstelle zur Ökobilanz besitzt. Dieser Ansatz integriert sich in der Fahrzeugentwicklung in den linken Zweig nach dem V-Modell. Der Beitrag bezüglich der

C. Könen, *Technisch-ökologische Mehrzieloptimierung der Antriebseinheit elektrischer Fahrzeuge*, Wissenschaftliche Reihe Fahrzeugtechnik Universität Stuttgart, https://doi.org/10.1007/978-3-658-49446-9_7

Modellierung des Antriebs besteht in der auslegungsabhängigen Vorhersage von skalaren Eigenschaften und Kennfeldern der E-Maschine mittels maschinellen Lernens. Die Vorhersage der Kennfelder ermöglicht den Einsatz analytischer Verlustmodelle für den PWR und somit die Minimierung der Rechenzeit. Zusätzlich werden mit diesem Ansatz auch Oberschwingungsverluste der E-Maschine in der Systemauslegung berücksichtigt. Bezüglich akustischer Eigenschaften ist das Modell limitiert, da diese nicht zuverlässig abgebildet werden können.

Zusammenfassend bildet die Methode zur technisch-ökologischen Mehrzieloptimierung mit der auslegungsabhängigen Ökobilanz und den schnellrechenden Komponentenmodellen ein Werkzeug zur Auslegung nachhaltiger Antriebssysteme und zur Untersuchung von grundlegenden Zielkonflikten. Durch den Einsatz der Methode können Auslegungen mit paretooptimaler Erfüllung der Anforderungen gefunden und grundlegende Zielkonflikte in den Eigenschaften des Antriebs untersucht werden. So wird in Kapitel 6 unter anderem die dritte Forschungsfrage hinsichtlich neu auftretender technisch-ökologischer Zielkonflikte der Antriebsauslegung untersucht. Anhand einer Pareto-Font wird gezeigt, dass der Antrieb mit den geringsten Umweltauswirkungen weder den geringsten Stromverbrauch noch den geringsten Rohstoffverbrauch aufweist.

7.2 Ausblick

Wie zuvor dargestellt beschreibt die Arbeit eine neue Methode für die Auslegung elektrischer Antriebe hinsichtlich technischer und ökologischer Anforderungen. Durch den Einsatz der Methode in der Konzeptphase der Antriebsentwicklung können manuelle Iterationsschleifen entfallen, schnelle Mehrzieloptimierungen durchgeführt werden und die Auswahl favorisierter Varianten anhand der Pareto-Fronten begründet werden. Durch die Integration der Ökobilanz können Umweltauswirkungen in der Auslegung gegen technische Eigenschaften abgewogen werden. So kann die Auslegung die Grundlage für ein nachhaltiges Antriebssystem legen.

Aufbauend auf den behandelten Themen dieser Arbeit lassen sich drei Felder für weitergehende Forschungsarbeiten identifizieren. Erstens bietet sich die Erweiterung der Subsystemmodelle zur technisch-ökologischen Untersuchung weiterer Antriebskonfigurationen an, da in dieser Arbeit pro Subsystem nur eine technologische Lösung betrachtet wird. Aufgrund des Entfalls der Permanentmagnete und der reduzierten Leistungsdichte gegenüber der PSM ist ein Maschinenmodell für elektrisch erregte Synchronmaschinen von Interesse. Die Aufnahme eines 3-Level PWR ist aufgrund der erhöhten Chipfläche und Systemeffizienz sinnvoll.

Zweitens stellt die Erweiterung des Designraums um Wertschöpfungsketten und Werkstoffe ein weitergehendes Themenfeld dar. Durch die Verknüpfung von nachhaltigen Wertschöpfungsketten mit ihren Kosten können Abwägungen der Beschaffung in der Auslegung berücksichtigt werden. So lässt sich der Frage nachgehen, in welchen Komponenten der Einsatz von Rezyklat und nachhaltigen Herstellungsprozessen ein Optimum zwischen Wirtschaftlichkeit und Nachhaltigkeit darstellt.

Drittens scheint der Übertrag des Ansatzes der technisch-ökologischen Optimierung auf die Batterie sinnvoll. In Abschnitt 6.3 ist ein erheblicher Einfluss von Änderungen des Energieinhalts der Batterie auf die Umweltauswirkungen sichtbar. Folglich sollte eine analoge Methodik für Batterien über Freiheitsgrade in der Zellchemie und der Packauslegung verfügen.

Literaturverzeichnis

[1] Acquaviva, Alessandro ; Diana, Michela ; Raghuraman, Bharadwaj ; Petersson, Linnea ; Nategh, Shafigh: Sustainability Aspects of Electrical Machines For E-Mobility Applications Part II: Aluminium Hairpin vs. Copper Hairpin. In: *IECON 2021 – 47th Annual Conference of the IEEE Industrial Electronics Society*, IEEE, 2021, S. 1–6. – ISBN 978-1-6654-3554-3

[2] Andersson, Magnus ; Ljunggren Söderman, Maria ; Sandén, Björn A.: Are scarce metals in cars functionally recycled? In: *Waste Management* Bd. 60. New York : Elsevier Ltd., 2017, S. 407–416. – ISSN 0956-053X

[3] Andreasi Bassi, S. ; Biganzoli, F. ; Ferrara, N. ; Amadei, A. ; Valente, A. ; Sala, S. ; Ardente, F.: *Updated characterisation and normalisation factors for the Environmental Footprint 3.1 method: JRC Technical Report*. Luxemburg : Publications Office of the European Union, 2023. – ISBN 978-92-76-99069-7

[4] Bare, Jane C. ; Hofstetter, Patrick ; Pennington, David W. ; Haes, Helias A. U. de: Midpoints versus endpoints: The sacrifices and benefits. In: *The International Journal of Life Cycle Assessment* 5 (2000), Nr. 6, S. 319–326. – ISSN 1614-7502

[5] Bauer, David: *Verlustanalyse bei elektrischen Maschinen für Elektro- und Hybridfahrzeuge zur Weiterverarbeitung in thermischen Netzwerkmodellen*. Wiesbaden : Springer Fachmedien Wiesbaden, 2019. – ISBN 978-3-658-24271-8

[6] Baumgarten, Henning ; Böhmer, Marius ; Hinz, Michael ; Nijs, Martin ; Pischinger, Stefan ; Souren, Mike ; Thewes, Matthias ; Lindemann, Bernd ; Flecke, Thomas ; König, Axel ; Schaub, Joschka ; Schönen, Markus u. a.: Antriebe. In: Pischinger,

C. Könen, *Technisch-ökologische Mehrzieloptimierung der Antriebseinheit elektrischer Fahrzeuge*, Wissenschaftliche Reihe Fahrzeugtechnik Universität Stuttgart, https://doi.org/10.1007/978-3-658-49446-9

Stefan (Hrsg.) ; SEIFFERT, Ulrich (Hrsg.): *Vieweg Handbuch Kraftfahrzeugtechnik*. Wiesbaden : Springer Fachmedien Wiesbaden, 2021, S. 461–860. – ISBN 978-3-658-25556-5

[7] BERGSTRA, James ; BARDENET, Rémi ; BENGIO, Yoshua ; KÉGL, Balázs: Algorithms for hyper-parameter optimization. In: *Advances in neural information processing systems* 24 (2011), S. 1–9

[8] BIEMANN, Kirsten ; HELMS, Hinrich ; MÜNTER, Daniel ; LIEBICH, Axel ; PELZETER, Julia ; KÄMPER, Claudia: *Analyse der Umweltbilanz von Kraftfahrzeugen mit alternativen Antrieben oder Kraftstoffen auf dem Weg zu einem treibhausgasneutralen Verkehr*. Dessau-Roßlau : Umweltbundesamt, 2024. – URL https://www.umweltbundesamt.de/sites/default/files/medien/11850/publikationen/13_2024_texte_analyse_der_umweltbilanz_von_kraftfahrzeugen_0.pdf. – Zugriffsdatum: 12.12.2024

[9] BINDER, Andreas: *Elektrische Maschinen und Antriebe: Grundlagen, Betriebsverhalten*. 2. Aufl. 2017. Berlin, Heidelberg : Springer Berlin Heidelberg, 2018. – ISBN 978-3-662-53240-9

[10] BITSCHE, Ottmar ; HAUCK, Christian: The New Porsche Taycan. In: GERINGER, Bernhard (Hrsg.): *Proceedings of the 45th International Vienna Motor Symposium*. Wien : Österreichischer Verein für Kraftfahrzeugtechnik (ÖVK), 2024. – ISBN 978-3-9504969-3-2

[11] BITTNER, Florian ; HAHN, Ingo: Kriging-Assisted Multi-Objective Particle Swarm Optimization of permanent magnet synchronous machine for hybrid and electric cars. In: *2013 International Electric Machines & Drives Conference*, IEEE, 12.05.2013 - 15.05.2013, S. 15–22. – ISBN 978-1-4673-4974-1

[12] BUECHERL, Dominik ; BERTRAM, Christiane ; THANHEISER, Andreas ; HERZOG, Hans-Georg: Scalability as a degree of freedom in electric drive train simulation. In: *2010 IEEE Vehicle Power and Propulsion Conference*, IEEE, 2010, S. 1–5. – ISBN 978-1-4244-8220-7

[13] BUFFOLO, M. ; FAVERO, D. ; MARCUZZI, A. ; SANTI, C. de ; MENEGHESSO, G. ; ZANONI, E. ; MENEGHINI, M.: Review and Outlook on GaN and SiC Power Devices: Industrial State-of-the-Art, Applications, and Perspectives. In: *IEEE Transactions on Electron Devices* 71 (2024), Nr. 3, S. 1344–1355. – ISSN 1557-9646

[14] BURKE, Richard: Kompakter Radnabenmotor für Pkw und leichte Nutzfahrzeuge. In: *MTZ - Motortechnische Zeitschrift* 84 (2023), Nr. 4, S. 16–23. – ISSN 2192-8843

[15] CASSIMERE, Brandon N. ; SUDHOFF, Scott D. ; SUDHOFF, Doug H.: Analytical Design Model for Surface-Mounted Permanent-Magnet Synchronous Machines. In: *IEEE Transactions on Energy Conversion* 24 (2009), Nr. 2, S. 347–357. – ISSN 1558-0059

[16] COELLO COELLO, Carlos A. ; LAMONT, Gary B. ; VAN VELDHUIZEN, David A.: *Evolutionary Algorithms for Solving Multi-Objective Problems*. Boston, MA : Springer US, 2007. – ISBN 978-0-387-33254-3

[17] DAI, Qiang ; KELLY, Jarod C. ; GAINES, Linda ; WANG, Michael: Life Cycle Analysis of Lithium-Ion Batteries for Automotive Applications. In: *Batteries* 5 (2019), Nr. 2, S. 48. – ISSN 2313-0105

[18] DEL PERO, Francesco ; BERZI, Lorenzo ; ANTONIA DATTILO, Caterina ; DELOGU, Massimo: Environmental sustainability analysis of Formula-E electric motor. In: *Proceedings of the Institution of Mechanical Engineers, Part D: Journal of Automobile Engineering* 235 (2021), Nr. 2-3, S. 303–332. – ISSN 0954-4070

[19] DIEGEL, Christian ; JUX, Benedict ; JAKUBIK, Johannes ; BREINING, Partick ; DOPPLEBAUER, Matrin: Design & Operating Point dependent Surrogate Models for PMSM. In: BINDER, Andreas (Hrsg.): *Elektromechanische Antriebssysteme 2023*. Berlin and Offenbach : VDE VERLAG GMBH, 2023 (ETG-Fachbericht), S. 170–176. – ISBN 978-3-8007-6152-4

[20] DIN 3990-1:1987-12: *Tragfähigkeitsberechnung von Stirnrädern: Einführung und allgemeine Einflussfaktoren.* 1987

[21] DIN EN ISO 14040:2006 + A1:2020: *Umweltmanagement - Ökobilanz: Grundsätze und Rahmenbedingungen.* 2021

[22] DIN EN ISO 14044:2021-02: *Umweltmanagement - Ökobilanz: Anforderungen und Anleitungen.* 2021

[23] DOPPELBAUER, Martin: *Grundlagen der Elektromobilität.* Wiesbaden : Springer Fachmedien Wiesbaden, 2020. – ISBN 978-3-658-29729-9

[24] DR. ING. H.C. F. PORSCHE AG: *Meilensteine: Geschäfts- und Nachhaltigkeitsbericht.* Stuttgart : Dr. Ing. h.c. F. Porsche AG, 2023. – URL `https://investorrelations.porsche.com/de/financial-figures`. – Zugriffsdatum: 13.12.2024

[25] ECOINVENT ASSOCIATION: *ecoinvent 3.8.* 2021

[26] EGHTESSAD, Marjam: *Schriftenreihe des Instituts für Fahrzeugtechnik, TU Braunschweig.* Bd. 35: *Optimale Antriebsstrangkonfigurationen für Elektrofahrzeuge: Zugl.: Braunschweig, Techn. Univ., Diss., 2014.* Aachen : Shaker, 2014. – ISBN 978-3-8440-2782-2

[27] EGHTESSAD, Marjam ; MEIER, Torben ; VAHLENSIECK, Bernd: EVID2 - Erweiterung der EVID-Methode (Identifikation optimaler Antriebsstrangkonfigurationen für Elektrofahrzeuge): Abschlussbericht Forschungsvorhaben Nr. 641 II. In: *Forschungshefte Forschungsvereinigung Antriebstechnik e.V. -FVA-* (2014), Nr. 1096

[28] ENGELHARDT, Tobias: *Derating-Strategien Für elektrisch angetriebene Sportwagen.* Wiesbaden : Springer Fachmedien Wiesbaden GmbH, 2017 (Wissenschaftliche Reihe Fahrzeugtechnik Universität Stuttgart Ser). – ISBN 978-3-658-18206-9

[29] EUROPÄISCHES PARLAMENT UND RAT DER EUROPÄISCHEN UNION: *Verordnung 2023/1542 über Batterien und Altbatterien, zur Änderung der Richtlinie 2008/98/EG und der Verordnung (EU) 2019/1020 und zur Aufhebung der Richtlinie 2006/66/EG: 32023R1542*. 2023

[30] EUROPÄISCHES PARLAMENT UND RAT DER EUROPÄISCHEN UNION: *Verordnung 2024/1252 zur Schaffung eines Rahmens zur Gewährleistung einer sicheren und nachhaltigen Versorgung mit kritischen Rohstoffen und zur Änderung der Verordnungen (EU) Nr. 168/2013, (EU) 2018/858, (EU) 2018/1724 und (EU) 2019/1020: 2024/1252*. 2024

[31] EUROPEAN AUTOMOBILE MANUFACTURERS' ASSOCIATION: *Vehicles on European Roads*. – URL `https://www.acea.auto/files/ACEA-Report-Vehicles-on-European-roads-.pdf`. – Zugriffsdatum: 05.08.2024

[32] FAZIO, S. ; BIGANZOLI, F. ; LAURENTIIS, V. de ; ZAMPORI, L. ; SALA, S. ; DIACONU, E.: *Supporting information to the characterisation factors of recommended EF Life Cycle Impact Assessment methods*. Luxemburg : Publications Office of the European Union, 2018. – ISBN 978-92-79-98584-3

[33] FINKEN, Thomas: *Aachener Schriftenreihe zur elektromagnetischen Energiewandlung*. Bd. 11: *Fahrzyklusgerechte Auslegung von permanentmagneterregten Synchronmaschinen für Hybrid- und Elektrofahrzeuge: Zugl.: Aachen, Techn. Hochsch., Diss., 2011*. Aachen : Shaker, 2011. – ISBN 978-3-8440-0607-0

[34] FRIEDRICH, Horst E. (Hrsg.) ; MÜLLER, Gerd (Hrsg.): *Werkstoffe und Bauweisen in der Fahrzeugtechnik*. Berlin, Heidelberg : Springer Berlin Heidelberg, 2024 (ATZ/MTZ-Fachbuch). – ISBN 978-3-662-65268-8

[35] FRISCHKNECHT, Rolf: *Lehrbuch der Ökobilanzierung*. Berlin, Heidelberg : Springer Berlin Heidelberg, 2020. – ISBN 978-3-662-54762-5

[36] GOLI, Chandra S. ; ESSAKIAPPAN, Somasundaram ; SAHU, Prasanth ; MANJREKAR, Madhav ; SHAH, Nakul: Review of Recent Trends in Design of Traction Inverters for Electric Vehicle Applications. In: *2021 IEEE 12th International Symposium on Power Electronics for Distributed Generation Systems (PEDG)*, IEEE, 28.06.2021 - 01.07.2021, S. 1–6. – ISBN 978-1-6654-0465-5

[37] HAUSCHILD, Michael Z. ; HUIJBREGTS, Mark A.: *Life Cycle Impact Assessment*. Dordrecht : Springer Netherlands, 2015. – ISBN 978-94-017-9743-6

[38] HELD, Maximilian ; ROSAT, Nicolas ; GEORGES, Gil ; PENGG, Hermann ; BOULOUCHOS, Konstantinos: Lifespans of passenger cars in Europe: empirical modelling of fleet turnover dynamics. In: *European transport research review* 13 (2021), Nr. 1, S. 1–13. – ISSN 1866-8887

[39] HEROTH, Michael ; SCHMID, Helmut C. ; HERRLER, Rainer ; HOFMANN, Wilfried: Image-Based Optimization of Electrical Machines Using Generative Adversarial Networks. In: *2023 IEEE International Electric Machines & Drives Conference (IEMDC)*, IEEE, 15.05.2023 - 18.05.2023, S. 1–5. – ISBN 979-8-3503-9899-1

[40] HUBER, Jonas ; IMPERIALI, Luc ; MENZI, David ; MUSIL, Franz ; KOLAR, Johann W.: Life-Cycle Carbon Footprints of Low-Voltage Motor Drives with 600-V GaN or 650-V SiC Power Transistors. In: *Proceedings of the 13th International E-Conference on Integrated Power Electronics Systems (CIPS 2024)*. Düsseldorf : Power Engineering Society in the VDE (VDE ETG), 2024

[41] HUNG, Shun-Cheng ; MAYER, Jeremy ; PALFAI, Balazs ; KENNEDY, Michael D.: *Removable differential for an active core electric motor*. U.S. Patent, US11005337B2, 2020

[42] HUSAIN, Iqbal ; OZPINECI, Burak ; ISLAM, Md S. ; GURPINAR, Emre ; SU, Gui-Jia ; YU, Wensong ; CHOWDHURY, Shajjad ; XUE,

Lincoln ; RAHMAN, Dhrubo ; SAHU, Raj: Electric Drive Technology Trends, Challenges, and Opportunities for Future Electric Vehicles. In: *Proceedings of the IEEE* 109 (2021), Nr. 6, S. 1039–1059

[43] IHNE, Thorsten ; HAHN, Roman ; WIEPRECHT, Nico ; FRANKE, Jörg ; KÜHL, Alexander: Recycling Concept for Electric Vehicle Drives in the Context of Rare Earth Recovery. In: *2024 1st International Conference on Production Technologies and Systems for E-Mobility (EPTS)*, IEEE, 05.06.2024 - 06.06.2024, S. 1–9. – ISBN 979-8-3503-8617-2

[44] IMPERIALI, Luc ; MENZI, David ; KOLAR, Johann W. ; HUBER, Jonas: Multi-Objective Minimization of Life-Cycle Environmental Impacts of Three-Phase AC-DC Converter Building Blocks. In: *2024 IEEE Applied Power Electronics Conference and Exposition (APEC)*, IEEE, 25.02.2024 - 29.02.2024, S. 2994–3004. – ISBN 979-8-3503-1664-3

[45] INTERGOVERNMENTAL PANEL ON CLIMATE CHANGE: *IPCC AR6 Synthesis Report SPM.4 (a) and LR Figure 3.3 (a) (Linear graph): Global surface temperature change relative to 1850-1900.* – URL https://ipcc-browser.ipcc-data.org/browser/dataset/8452/0. – Zugriffsdatum: 19.12.2024

[46] ISO 6336-1:2019-11: *Calculation of load capacity of spur and helical gears: Part 1: Basic principles, introduction and general influence factors.* 2019

[47] ISO/TR 14179-1:2001: *Gears - Thermal capacity: Part 1: Rating gear drives with thermal equilibrium at 95°C sump temperature.* 2001

[48] JESÚS PÉREZ-CARDONA: *Optimization Strategies of a Parametric Product Design for a Circular Economy with Application to an Electric Traction Motor*, Purdue University Graduate School, Dissertation, 2023

[49] JIN, Hongyue ; AFIUNY, Peter ; DOVE, Stephen ; FURLAN, Gojmir ; ZAKOTNIK, Miha ; YIH, Yuehwern ; SUTHERLAND, John W.: Life Cycle Assessment of Neodymium-Iron-Boron Magnet-to-Magnet Recycling for Electric Vehicle Motors. In: *Environmental science & technology* 52 (2018), Nr. 6, S. 3796–3802. – ISSN 0013-936X

[50] JOINT RESEACH CENTRE DER EUROPÄISCHEN KOMMISION: *Annex C: EF reference package 3.1.* – URL https://eplca.jrc.ec.europa.eu/permalink/Annex_C_V2.1_May2020.xlsx. – Zugriffsdatum: 24.08.2024

[51] JOINT RESEACH CENTRE DER EUROPÄISCHEN KOMMISION: *Envi-romental Footprint reference package 3.1.* – URL https://eplca.jrc.ec.europa.eu/LCDN/developerEF.html. – Zugriffsdatum: 20.08.2024

[52] KALT, Svenja: *Automatisierte Auslegung elektrischer Antriebsmaschinen zur anwendungsspezifischen Optimierung*, Technische Universität München, Dissertation, 2021. – URL https://mediatum.ub.tum.de/1593960

[53] KAMPKER, Achim ; HEIMES, Heiner H.: *Elektromobilität*. Berlin, Heidelberg : Springer Berlin Heidelberg, 2024. – ISBN 978-3-662-65811-6

[54] KLÖPFFER, Walter ; GRAHL, Birgit: *Life Cycle Assessment (LCA).* Wiley, 2014. – ISBN 9783527329861

[55] KOLAR, Johann W.: *Energy Efficiency is NOT Enough.* 06.11.2023. – URL https://www.ams-publications.ee.ethz.ch/uploads/tx_ethpublications/15_ICEMS_2023_Keynote_Kolar_as_published_081123.pdf

[56] KÖNEN, Christian ; ENGELHARDT, Tobias ; REUSS, Hans-Christian: High-Fidelity Modular Modeling of Electric Vehicle Drive Unit Components for System Optimization. In: KULZER, André C. (Hrsg.) ; REUSS, Hans-Christian (Hrsg.) ; WAGNER, Andreas (Hrsg.):

2024 Stuttgart International Symposium on Automotive and Engine Technology. Wiesbaden : Springer Fachmedien Wiesbaden, 2024 (Proceedings), S. 23–34. – ISBN 978-3-658-45009-0

[57] KÖNEN, Christian ; REUSS, Hans-Christian: Sustainability optimization of the NdFeB magnet system of PMSMs by linking electromagnetic calculation and life cycle assessment. In: BINDER, Andreas (Hrsg.) ; DOPPELBAUER, Martin (Hrsg.) ; NEUDORFER, Harald (Hrsg.): *Elektromechanische Antriebssysteme 2023*. Berlin and Offenbach : VDE VERLAG GMBH, 2023 (ETG-Fachbericht), S. 31–37. – ISBN 978-3-8007-6152-4

[58] LAVE, Lester ; MACLEAN, Heather ; HENDRICKSON, Chris ; LANKEY, Rebecca: Life-Cycle Analysis of Alternative Automobile Fuel/Propulsion Technologies. In: *Environmental science & technology* 34 (2000), Nr. 17, S. 3598–3605. – ISSN 0013-936X

[59] MA, Hongrui ; BALTHASAR, Felix ; TAIT, Nigel ; RIERA-PALOU, Xavier ; HARRISON, Andrew: A new comparison between the life cycle greenhouse gas emissions of battery electric vehicles and internal combustion vehicles. In: *Energy Policy* 44 (2012), S. 160–173. – ISSN 0301-4215

[60] MARX, Josefine ; SCHREIBER, Andrea ; ZAPP, Petra ; WALACHOWICZ, Frank: Comparative Life Cycle Assessment of NdFeB Permanent Magnet Production from Different Rare Earth Deposits. In: *ACS Sustainable Chemistry & Engineering* 6 (2018), Nr. 5, S. 5858–5867. – ISSN 2168-0485

[61] MUSIL, Franz ; HARRINGER, Carina ; HIESMAYR, Alfred ; SCHOENMAYR, David: How Life Cycle Analyses are Influencing Power Electronics Converter Design. In: *PCIM Europe 2023; International Exhibition and Conference for Power Electronics, Intelligent Motion, Renewable Energy and Energy Management*, IEEE, 2023, S. 1–9

[62] NORDELÖF, Anders: A scalable life cycle inventory of an automotive power electronic inverter unit—part II: manufacturing processes. In:

The International Journal of Life Cycle Assessment 24 (2019), Nr. 4, S. 694–711. – ISSN 1614-7502

[63] NORDELÖF, Anders ; ALATALO, Mikael ; SÖDERMAN, Maria L.: A scalable life cycle inventory of an automotive power electronic inverter unit—part I: design and composition. In: *The International Journal of Life Cycle Assessment* 24 (2019), Nr. 1, S. 78–92. – ISSN 1614-7502

[64] NORDELÖF, Anders ; GRUNDITZ, Emma ; LUNDMARK, Sonja ; TILLMAN, Anne-Marie ; ALATALO, Mikael ; THIRINGER, Torbjörn: Life cycle assessment of permanent magnet electric traction motors. In: *Transportation Research Part D: Transport and Environment* 67 (2019), S. 263–274. – ISSN 1614-7502

[65] NORDELÖF, Anders ; GRUNDITZ, Emma ; TILLMAN, Anne-Marie ; THIRINGER, Torbjörn ; ALATALO, Mikael: A scalable life cycle inventory of an electrical automotive traction machine—Part I: design and composition. In: *The International Journal of Life Cycle Assessment* 23 (2018), Nr. 1, S. 55–69. – ISSN 1614-7502

[66] NORDELÖF, Anders ; MESSAGIE, Maarten ; TILLMAN, Anne-Marie ; LJUNGGREN SÖDERMAN, Maria ; VAN MIERLO, Joeri: Environmental impacts of hybrid, plug-in hybrid, and battery electric vehicles—what can we learn from life cycle assessment? In: *The International Journal of Life Cycle Assessment* 19 (2014), Nr. 11, S. 1866–1890. – ISSN 1614-7502

[67] NORDELÖF, Anders ; TILLMAN, Anne-Marie: A scalable life cycle inventory of an electrical automotive traction machine—Part II: manufacturing processes. In: *The International Journal of Life Cycle Assessment* 23 (2018), Nr. 2, S. 295–313. – ISSN 1614-7502

[68] NORRIS, Gregory A.: The requirement for congruence in normalization. In: *The International Journal of Life Cycle Assessment* 6 (2001), Nr. 2, S. 85–88. – ISSN 1614-7502

[69] ORNER, Markus: *Nutzungsorientierte Auslegung des Antriebsstrangs und der Reichweite von Elektrofahrzeugen.* Wiesbaden : Springer Fachmedien Wiesbaden, 2018. – ISBN 978-3-658-21723-5

[70] PAREKH, Vivek: *Deep Learning based Design and Optimization of Electrical Machines*, Technische Universität Darmstadt, Dissertation, 2024

[71] PAREKH, Vivek ; FLORE, Dominik ; SCHOPS, Sebastian: Deep Learning-Based Prediction of Key Performance Indicators for Electrical Machines. In: *IEEE Access* 9 (2021), S. 21786–21797. – ISSN 2169-3536

[72] PÉREZ-CARDONA, Jesús R. ; DENG, Sidi ; SUTHERLAND, John W.: Optimization of a parametric product design using techno-economic assessment and environmental characteristics with application to an electric traction motor. In: *Resources, Conservation and Recycling* 206 (2024). – ISSN 0921-3449

[73] PÉREZ-CARDONA, Jesús R. ; SUTHERLAND, John W. ; SUDHOFF, Scott D.: Optimization-Based Design Model for Electric Traction Motors Considering the Supply Risk of Critical Materials. In: *IEEE Open Access Journal of Power and Energy* 10 (2023), S. 316–326. – ISSN 2687-7910

[74] PIZZOL, Massimo ; LAURENT, Alexis ; SALA, Serenella ; WEIDEMA, Bo ; VERONES, Francesca ; KOFFLER, Christoph: Normalisation and weighting in life cycle assessment: quo vadis? In: *The International Journal of Life Cycle Assessment* 22 (2017), Nr. 6, S. 853–866. – ISSN 1614-7502

[75] POLESTAR PERFORMANCE AB: *Sustainability Report.* Göteborg : Polestar Performance AB, 2023. – URL https://www.polestar.com/dato-assets/11286/1717400380-polestar_sustainability_report_300524.pdf. – Zugriffsdatum: 13.12.2024

[76] POORFAKHRAEI, Amirreza ; NARIMANI, Mehdi ; EMADI, Ali: A Review of Multilevel Inverter Topologies in Electric Vehicles: Current Status and Future Trends. In: *IEEE Open Journal of Power Electronics* 2 (2021), S. 155–170. – ISSN 2644-1314

[77] RAGHURAMAN, Bharadwaj ; NATEGH, Shafigh ; SIDIROPOULOS, Nikitas ; PETERSSON, Linnea ; BOGLIETTI, Aldo: Sustainability Aspects of Electrical Machines For E-Mobility Applications Part I: A Design with Reduced Rare-earth Elements. In: *IECON 2021 – 47th Annual Conference of the IEEE Industrial Electronics Society*, IEEE, 2021, S. 1–6. – ISBN 978-1-6654-3554-3

[78] REIMERS, John ; DORN-GOMBA, Lea ; MAK, Christopher ; EMADI, Ali: Automotive Traction Inverters: Current Status and Future Trends. In: *IEEE Transactions on Vehicular Technology* 68 (2019), Nr. 4, S. 3337–3350. – ISSN 1939-9359

[79] SACHS, Lothar ; HEDDERICH, Jürgen: *Angewandte Statistik: Methodensammlung mit R.* 13th ed. 2009. Berlin, Heidelberg : Springer Berlin Heidelberg and Imprint Springer, 2009. – ISBN 978-3-540-88904-5

[80] SALA, Serenella ; CRENNA, Eleonora ; PANT, Rana ; SECCHI, Michela: *EUR, Scientific and technical research series*. Bd. 28984: *Global normalisation factors for the environmental footprint and Life Cycle Assessment.* Luxembourg : Publications Office of the European Union, 2017. – ISBN 978-92-79-77213-9

[81] SCHRAMM, Dieter: *Modellbildung und Simulation der Dynamik Von Kraftfahrzeugen.* 2nd ed. Berlin, Heidelberg : Springer Berlin / Heidelberg, 2013. – ISBN 978-3-642-33887-8

[82] SCHRÖDER, Dierk ; KENNEL, Ralph: *Elektrische Antriebe – Grundlagen.* Berlin, Heidelberg : Springer Berlin Heidelberg, 2021. – ISBN 978-3-662-63100-3

[83] SEIDEL, Markus: Circular Economy in der Automobilindustrie – Die Perspektive eines OEMs. In: MAYER, Ralph (Hrsg.): *2022 Bremsen-Fachtagung*. Berlin, Heidelberg : Springer Berlin Heidelberg, 2022 (Proceedings), S. 84–86. – ISBN 978-3-662-66327-1

[84] SIEBERTZ, Karl (Hrsg.) ; VAN BEBBER, David (Hrsg.) ; HOCHKIRCHEN, Thomas (Hrsg.): *Statistische Versuchsplanung*. Berlin, Heidelberg : Springer Berlin Heidelberg, 2010. – ISBN 978-3-642-05492-1

[85] SMITH, Braeton ; RIDDLE, Matthew ; EARLAM, Matthew ; ILOEJE, Chukwunwike ; DIAMOND, David: *Rare Earth Permanent Magnets: Supply Chain Deep Dive Assessment: U.S. Department of Energy Response to Executive Order 14017, "America's Supply Chains"*

[86] SNOEK, Jasper ; LAROCHELLE, Hugo ; ADAMS, Ryan P.: Practical Bayesian optimization of machine learning algorithms. In: *Advances in Neural Information Processing Systems 25*, Curran Associates, Inc., 2012 (Advances in Neural Information Processing Systems), S. 2951–2959. – ISBN 978-1-627-48003-1

[87] SPHERA AG: *Sphera MLC (fka GaBi)*. 2023

[88] STEINER, Urs: Evolution eines selbst entwickelten Motors für die Formula Student Electric. In: *ATZextra* 20 (2015), Nr. S5, S. 56–63. – ISSN 2195-1462

[89] STIPETIC, Stjepan ; ZARKO, Damir ; POPESCU, Mircea: Scaling laws for synchronous permanent magnet machines. In: *2015 Tenth International Conference on Ecological Vehicles and Renewable Energies (EVER)*, IEEE, 31.03.2015 - 02.04.2015, S. 1–7. – ISBN 978-1-4673-6785-1

[90] STOLL, Tobias ; BERNER, Hans-Jürgen ; KULZER, André C.: An Analysis of the Greenhouse Gas Potential of Current Powertrain Technologies. In: KULZER, André C. (Hrsg.) ; REUSS, Hans-Christian (Hrsg.) ; WAGNER, Andreas (Hrsg.): *2024 Stuttgart International Symposium on Automotive and Engine Technology*. Wiesbaden :

Springer Fachmedien Wiesbaden, 2024 (Proceedings), S. 221–240. – ISBN 978-3-658-45017-5

[91] SUN, Xin ; LUO, Xiaoli ; ZHANG, Zhan ; MENG, Fanran ; YANG, Jianxin: Life cycle assessment of lithium nickel cobalt manganese oxide (NCM) batteries for electric passenger vehicles. In: *Journal of Cleaner Production* 273 (2020), S. 1–8. – ISSN 0959-6526

[92] UN ENVIRONMENT PROGRAMME: *UNEP IRP Global Material Flows Database*. – URL https://www.resourcepanel.org/global-material-flows-database. – Zugriffsdatum: 04.12.2024

[93] UNITED NATIONS: *Paris Agreement*. 2015. – URL https://unfccc.int/sites/default/files/english_paris_agreement.pdf. – Zugriffsdatum: 13.11.2024

[94] UNITED NATIONS: *Transforming our world: the 2030 Agenda for Sustainable Development*. 25.09.2015. – URL https://documents.un.org/doc/undoc/gen/n15/291/89/pdf/n1529189.pdf. – Zugriffsdatum: 13.11.2024

[95] VAILLANT, Moritz: *Design Space Exploration zur multikriteriellen Optimierung elektrischer Sportwagenantriebsstränge: Variation von Topologie und Komponenteneigenschaften zur Steigerung von Fahrleistungen und Tank-to-Wheel Wirkungsgrad*. Karlsruhe, Karlsruher Institut für Technologie, Dissertation, 2015

[96] VELIC, Timijan ; BARKOW, Maximilian ; BAUER, David ; FUCHS, Patrick ; WENDE, Johannes ; HUBERT, Thomas ; REINLEIN, Michael ; NAGELKRAMER, Jan ; PARSPOUR, Nejila: Efficiency Optimization of Electric Drives with Full Variable Switching Frequency and Optimal Modulation Methods. In: *2021 17th Conference on Electrical Machines, Drives and Power Systems (ELMA)*, IEEE, 2021, S. 1–6. – ISBN 978-1-6654-3582-6

[97] VELIC, Timijan ; BARKOW, Maximilian ; PARSPOUR, Nejila: Loss Model for SiC MOSFET based Power Modules using Synchronous

Rectification. In: *2022 International Symposium on Power Electronics, Electrical Drives, Automation and Motion (SPEEDAM)*, IEEE, 22.06.2022 - 24.06.2022, S. 503–510. – ISBN 978-1-6654-8459-6

[98] VELIĆ, Timijan ; BECHER, Yannik ; PARSPOUR, Nejila: A Pareto Based Comparison of DC/DC Converters for Variable DC-Link Voltage in Electric Vehicles. In: *IEEE Open Journal of Power Electronics* 4 (2023), S. 1011–1024. – ISSN 2644-1314

[99] WANG, Ying ; SUN, Boxue ; GAO, Feng ; CHEN, Wenjuan ; NIE, Zuoren: Life cycle assessment of regeneration technology routes for sintered NdFeB magnets. In: *The International Journal of Life Cycle Assessment* 27 (2022), Nr. 8, S. 1044–1057. – ISSN 1614-7502

[100] WARREN, Joshua A. ; RIDDLE, Matthew E. ; GRAZIANO, Diane J. ; DAS, Sujit ; UPADHYAYULA, Venkata K. K. ; MASANET, Eric ; CRESKO, Joe: Energy Impacts of Wide Band Gap Semiconductors in U.S. Light-Duty Electric Vehicle Fleet. In: *Environmental science & technology* 49 (2015), Nr. 17, S. 10294–10302. – ISSN 0013-936X

[101] WIPKE, K. B. ; CUDDY, M. R. ; BURCH, S. D.: ADVISOR 2.1: a user-friendly advanced powertrain simulation using a combined backward/forward approach. In: *IEEE Transactions on Vehicular Technology* 48 (1999), Nr. 6, S. 1751–1761. – ISSN 1939-9359

[102] WOLFF, Sebastian P.: *Eco-Efficiency Assessment of Zero-Emission Heavy-Duty Vehicle Concepts*. München, Technische Universität München, Dissertation, 2023

[103] WU, You ; SU, Daizhong: Review of Life Cycle Impact Assessment (LCIA) Methods and Inventory Databases. In: SU, Daizhong (Hrsg.): *Sustainable Product Development*. Cham : Springer International Publishing, 2020, S. 39–55. – ISBN 978-3-030-39148-5

[104] ZAMPORI, L. ; PANT, R.: *EUR*. Bd. 29682: *Suggestions for updating the organisation environmental footprint (OEF) method*. Luxembourg : Publications Office of the European Union, 2019. – ISBN 978-92-76-00654-1

Anhang

Tabelle A.1: Bildung der Faktoren für die Preisallokation für die Förderung und Trennung von Seltenerdoxiden anhand der Bayan Obo Mine

SEO	durch. Preis pro kg	SEO-Anteil	Allokationsfaktor
CeO_2	¥7,09	50,10 %	0,021
Dy_2O_3	¥2.373,00	0,07 %	0,010
Eu_2O_3	¥189,06	0,20 %	0,002
Gd_2O_3	¥326,69	0,69 %	0,013
La_2O_3	¥6,02	23,80 %	0,008
Nd_2O_3	¥652,70	17,80 %	0,680
$Pr_6O_1 1$	¥641,86	5,80 %	0,218
Sm_2O_3	¥17,50	0,90 %	0,001
Tb_4O_7	¥10.014,89	0,08 %	0,047
Y_2O_3	¥56,33	0,10 %	<0,001

Preise von August 2021 bis August 2024 gemittelt, RMB ¥1 = 0,13€
SEO-Anteile nach Marx *et al.* [60]

C. Könen, *Technisch-ökologische Mehrzieloptimierung der Antriebseinheit elektrischer Fahrzeuge*, Wissenschaftliche Reihe Fahrzeugtechnik Universität Stuttgart, https://doi.org/10.1007/978-3-658-49446-9

Tabelle A.2: Vergleich der Modellansätze für die elektrischen Maschine

	Bauteil-abhängigkeit*	**Schnelle Berechnung**	**Nichtlinearität berücksichtigt**	**Ausgabe von Kennfeldern**
analyt. Magnetkreisberechnung	x	x		x
Wachstumsgesetze		x		(x)
Kennfeldinterpolation		x		x
Neuronale Netze (Regression)	x	x	x	x
Finite Elemente Methode	x		x	x

* Bauteilabhängigkeit bezeichnet in diesem Vergleich, dass ein funktionaler Zusammenhang zwischen den Modellergebnissen und den Werkstoffeigenschaften/Geometrie der einzelnen Bauteile der elektrischen Maschine besteht (z.B. über einen Designvektor als Modellinput).

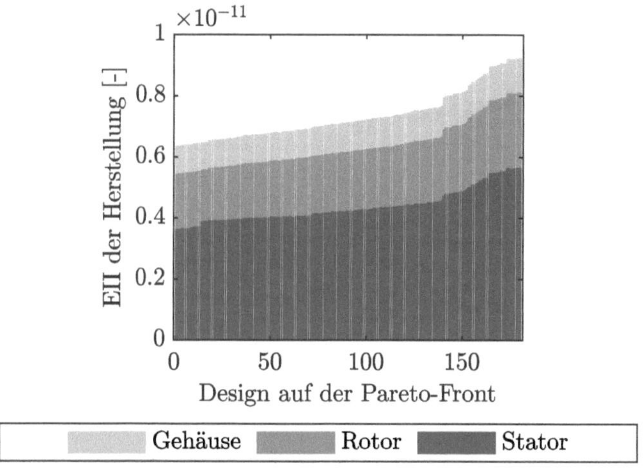

Abbildung A.1: Komponentenweise Aufteilung des Umweltschadens der Herstellung der elektrischen Maschine

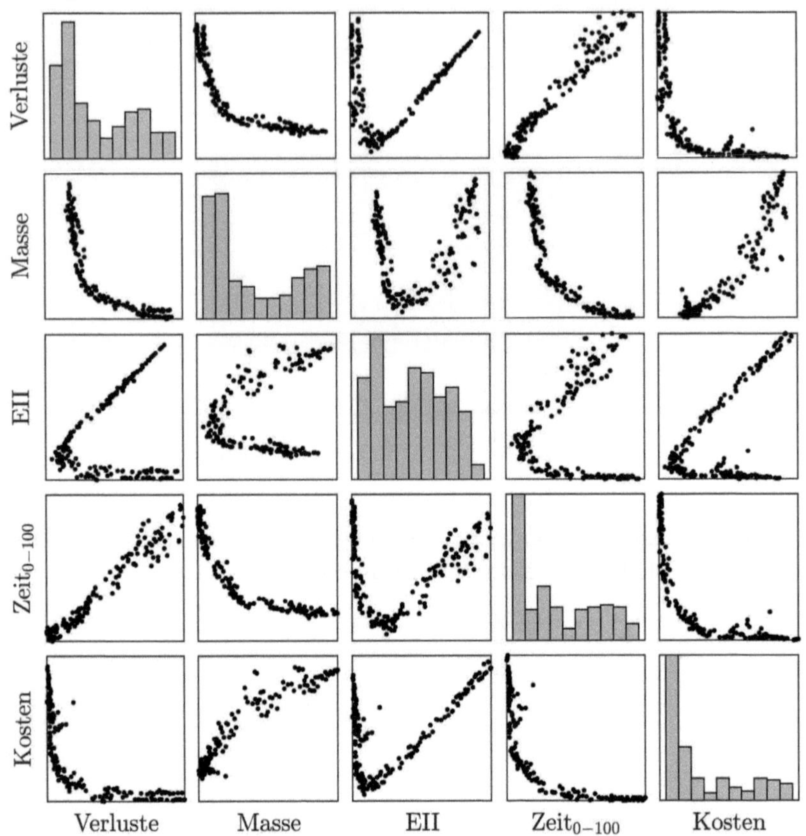

Abbildung A.2: Projektionen der Pareto-Front aus Abschnitt 6.1

MIX
Papier aus verantwortungsvollen Quellen
Paper from responsible sources
FSC® C105338

If you have any concerns about our products, you can contact us on
ProductSafety@springernature.com

In case Publisher is established outside the EU, the EU authorized representative is:
Springer Nature Customer Service Center GmbH
Europaplatz 3, 69115 Heidelberg, Germany

Printed by Libri Plureos GmbH
in Hamburg, Germany